矿山数据压缩采集及其重建方法研究

徐永刚 著

中国矿业大学出版社

图书在版编目(C I P)数据

矿山数据压缩采集及其重建方法研究 / 徐永刚著.
—徐州:中国矿业大学出版社,2019.12
　　ISBN 978-7-5646-4438-3

　　Ⅰ.①矿… Ⅱ.①徐… Ⅲ.①矿山测量－数据采集－
研究 Ⅳ.①TD17

　　中国版本图书馆 CIP 数据核字(2019)第 090658 号

书　　名	矿山数据压缩采集及其重建方法研究
著　　者	徐永刚
责任编辑	仓小金
出版发行	中国矿业大学出版社有限责任公司
	(江苏省徐州市解放南路　邮编 221008)
营销热线	(0516)83884103　83885105
出版服务	(0516)83995789　83884920
网　　址	http://www.cumtp.com　E-mail:cumtpvip@cumtp.com
印　　刷	虎彩印艺股份有限公司
开　　本	787 mm×960 mm　1/16　印张 10.5　字数 200 千字
版次印次	2019 年 12 月第 1 版　2019 年 12 月第 1 次印刷
定　　价	38.00 元

(图书出现印装质量问题,本社负责调换)

前　言

矿山物联网技术作为新一代矿山信息化建设发展的主要方向受到高度重视，然而矿山物联网背景下海量信息的获取受井下的特殊环境以及从源端到井下环网间的线路带宽的制约，即存在传输瓶颈问题。在线路改造成本高、施工难度大的限制下，对传感器数据进行压缩采集成为降低带宽需求的唯一选择。而近年来备受关注的压缩感知理论开创性地指出对具有可稀疏表示的信号，能够利用少量的线性观测值表示并通过非线性方法重建，恰好能满足矿山物联网的应用需求。

本书对压缩观测矩阵重建算法及其在矿山监控信息采集中的实际应用等方面进行了深入研究。主要研究工作和创新成果包括：

（1）对感知矿山和压缩感知的研究与应用现状进行了综述。提出了主要研究思路和研究内容，重点展开压缩感知理论及压缩感知理论在实践中的应用两方面的研究。

（2）利用混沌的伪随机特性，提出了一种混沌观测矩阵，充分利用混沌序列的高阶不相关性来产生观测矩阵，使得观测矩阵兼备随机矩阵的随机分布特征和伪随机可控的特征，从而能有效降低重建复杂度且有助于增加信息采集安全性。

提出了基于残差收敛的正交追踪（StORCP）算法，该算法每次对剩余原子的残差在最优选择基上进行投影，寻找最小的投影值原子作为新的备选原子，从而逐次快速逼近最优解。该算法在信号重构误差、重构概率和重构时间方面都优于 OMP、StOMP、ROMP 等具有代表性的贪婪算法。

（3）提出一种能适应信息特征变化的自适应观测矩阵——基于系数贡献度的自适应观测（CCBAM）矩阵和增强 CCBAM（E-CCBAM）算法，将非线性运算简化为线性运算，分别将计算复杂度从 $O(MN)$ 降低为 $O(N+2k)(k \ll N)$ 和 $O(N+2k+w)(k \ll N, w \ll N)$。

利用 CCBAM 研究结果，提出基于关注度的多尺度 1-bitCS 算法，有效解决了 1-bitCS 算法存在的因过载量化失真而丢失敏感信息的问题。上述研究成果已被成功应用于淮北矿业集团 26 个煤矿的安全监控信息压缩采集中,并取得了良好的应用效果,相关科研项目通过安徽省科技厅的鉴定。

著者

2019.5

目　　录

1 绪 论

1.1 引 言

煤作为我国当前乃至将来很长一段时间内的主要能源,2018 年消耗量达 46.4 亿 t,而且呈现逐年增加的趋势,在国民经济发展建设中具有举足轻重的作用。截至 2018 年年底,全国煤矿数量减少到 5 800 处左右,煤炭生产化主体向大型现代化方向发展。目前,分布在全国各地的矿井地质结构复杂,投入生产的设备参差不齐,加之进行生产作业的工人受教育程度相对较弱,安全意识不一,使煤矿生产存在巨大的安全风险。国家对煤矿安全生产给予高度关注,为确保安全生产,在全国煤矿建立完善了监测监控、人员定位、紧急避险、压风自救、供水施救和通信联络等井下安全避险六大系统[1]。这些系统的投入,使安全生产形势大为改观。随着企业对安全生产保障力度的不断加大,煤矿生产管理正进入规范化和精细化监管阶段,"矿山物联网"作为下一代矿山信息化发展方向被引入煤矿新的信息化进程中,这迫切需求新的信号处理理论和方法来克服矿山物联网框架下的信号采集传输瓶颈,推进煤矿下一代信息化进程。

1.2 研究背景与意义

1.2.1 研究背景

"矿山物联网"是通过信息、地质、机械、安全等多学科的多种技术获取矿山开采过程中人员、环境和设备的工作状态,实现矿山人员、设备与生产管理信息的互联互通,确保高效安全生产的网络。

矿山信息化建设因有限的井下空间环境,特殊的生产环境和装备的高可靠性要求,其水平远滞后于地面信息化水平。现今,各煤矿均已建成用于生产的井下网络系统,但这些系统绝大部分仅用于工业生产的局部信息监控,采集信息量少,采用工业以太网+总线结构已经能满足生产需求。随着物联网技术在煤矿生产中的应用,用于生产过程、安全环境、人员、设备等异构复杂传感器所采集的实时监控数据(语音,视频信息以及人员与人员、人员与设备、设备与设备间的交互信息)将呈现几何倍数的增长,这些海量数据对煤矿现有的网络传输线路和设备以及数据处理和存储设备都将形成巨大挑战。

而且随着物联网技术的引入,矿山生产监控更倾向于对特殊对象多状态进行全方位监控,如井下某采煤工作面的监控信息(瓦斯、温度、CO、风速、O_2等),或以工人为监控对象时,工人位置、运动状态、所处环境的安全状况(瓦斯、温度、CO、风速、O_2、压力等)。随着大规模集成电路、高速CPU等工艺的发展及传感器件的微型化,由多种传感器组成的传感器阵列同时完成对环境多个参量的采集成为矿山传感应用发展新方向,即独立分布式采集向集中式采集的模式成为矿山物联网监控信息采集模式的发展新趋势。中国矿业大学物联网研究中心研制的第一代智能矿灯集成了定位、瓦斯、温度、加速度、电压等多传感器件的设备可作为此趋势的代表。矿山物联网监控系统模型如图1-1所示,由多信道传输的信息量被完全集中到单通道传输,当前由485或CAN等长距离传输线缆以及WSN构建的信道(图1-1中A和B部分)将无法满足信息的膨胀所带来的带宽需求。

1.2.2 矿山信息化面临的问题

1.2.2.1 问题的提出

煤矿物联网利用物联网技术,采集大量的井下人员、设备及环境信息,实时掌握生产第一手资料,在促进我国的矿山安全生产、提高生产效率及避灾抢险等方面具有十分重大的意义。然而,海量的实时信息对网络结构、网络设备、信息处理模式等提出了更加严酷的要求。矿山物联网在矿山生产的应用因受地下特殊环境限制,许多地面成熟技术很难简单应用到地下受限空间,其应用必将面临如下几个难题。

问题一:当前经过煤安认证的各类传统传感节点大都无法满足物联网环境下的双向信息采集与交换要求。物联网技术要求除采用部分固定的有线节点外,还需采用大量的移动无线传感节点,实现信息采集及节点与节点之间的信息交互。现有系统虽然实现了有线、单向(局部双向)可靠通信,但矿山物联网

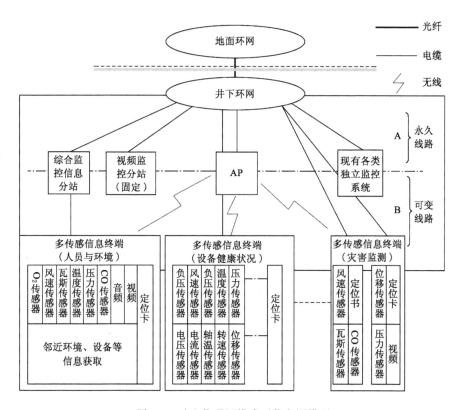

图 1-1 矿山物联网模式下信息源模型

环境下,需要进一步研究设计、升级改造具有"无线双向通信"能力的传感节点。

问题二:无线传感器的低功耗问题。"矿山物联网"背景下的井下信息采集,势必引入大量的无线传感设备用以监控、采集井下移动设备的信息,设备的移动性对设备的小型化和轻型化提出了新的要求,大部分移动设备需要采用本安设计,而矿山井下本安设备的功耗有着非常严苛的供电要求,如何解决这些海量无线设备的供电,或者降低其能耗成为需要面对的第二个问题。

问题三:煤矿井下现有总线型信道带宽远不能满足物联网环境下的信息传输需求。目前矿山投入大量的物力和财力建立和健全了用于生产的地面、井下通信网络。而这个网络大都采用光纤工业环网+总线的通信模式,在分布式传感器数量较少的情况下,现有线路能保证通信的可靠,能满足设计需求。然而,随着物联网技术的引入,大量的有线/无线节点尤其是语音、视频节点被补充到生产的各个环节,这些节点将极大增加对带宽的需求,而环网前端的总线型网络其自身带宽窄、速率低的特点决定了它在以奈奎斯特采样定理为基础的传统数字信号处理框架下很难满足海量信息的传输。因此,若以传统的方式进行信息采集与传输,现有通信线路将面临崩溃,尤其当超宽带传输技术(Ultra-Wideband, UWB)作为未来通信发展趋势被引入井下通信时,这一问题将更加突出。

问题四:传统信息处理模式无法有效处理物联网环境下的海量信息。感知矿山物联网所涉及的传感器数量将成倍增长,而大量视频和语音传感节点的引入使信息总量呈现指数增长,这些海量信息都被汇集到调度指挥中心进行处理。传统模式是各个生产子系统如监测监控、提升、运输、风机等数据彼此独立,系统之间关联度几乎为零,然而物联网环境下信息冗余是物联网环境传感器的一大特点,许多传感器信息具有一定的关联度,必须要对多个具有一定关联度的传感信息(如:井下人员的位置,所在环境的瓦斯、温度、风速、负压、CO、O_2、信息等)同步处理。这样才能感知该人员所处环境的安全性。显然现有的单机或者少量计算机难以胜任,这就需要有一个能同时处理多个子系统信息的高性能信息处理平台——M2M(machine/man to machine)信息交换平台。

问题五:传统数据存储模式不能满足矿山物联网下的信息存储需求。作为问题三的延伸,物联网模式下的多传感器必然产生海量数据,这些数据作为生产环节的重要依据,需要对其进行有效存储,这必将导致数据存储的爆炸式增长,现有的以本地存储为主的存储模式将无法满足这种海量存储需求。

1.2.2.2 涉及的科学问题

通过对煤矿物联网环境特征的分析不难发现,如何解决由于传感器所带来的海量信息传输处理与存储问题及物联网环境下复杂系统信息的深层次利用问题成为物联网环境下煤矿信息化建设面临的新的问题,这也是矿山物联网信息化发展的新方向,如果这些海量信息通过有效的手段在确保信息量无损或很低损耗的情况下边采样边压缩,则既能降低对信道的要求,又能降低对存储的要求。

问题一的核心是电子器件的设计与生产工艺问题,伴随着硬件工艺及传感技术的发展这个问题容易得到解决。

问题二的核心是无线传感网络[2]、微功耗 MIMO 器件设计[3,4]问题,这仍是当前研究的一个热点问题。当前,基于 ZigBee、RFID[5,6]的井下无线传感网已经十分成熟,具有更高带宽的 4G、5G 及 WIFI 网络[7,8]正被逐步引入井下,而对于低功耗器件设计也有多家高校和企业正在深入研发相关设备。

问题四的实质是智能信息高速处理问题,伴随现在计算机处理技术的迅猛发展,具有高级计算能力的处理器[9]、数值计算中心[10]及云平台[11]技术能够很好解决该问题。

问题三和问题五则可归结为信息的采集与存储问题,其核心为数据量与信息量的关系,即数据紧致性(data compactness,DC)问题,若能在保证信息量不变的情况下,降低煤矿各类传感器所采集的数据量,则能有效降低数据采集速率,使得问题三和五一并解决,这样使得矿山物联网广泛应用成为可能。

在保证信息量不变的情况下,若能降低煤矿各类传感器所采集的数据量,则能有效降低数据采集速率,提高信道的利用率,充分利用井下现有传输线路即可满足矿山物联网建设需求,大大降低系统改造甚至重建所带来的巨额成本。在信息处理领域由 D. Donoho,E. J. Candès 及华裔科学家 T. Tao,R. G. Baraniuk 等提出的压缩感知(compressed/compressive sensing/sampling,CS)理论[12-18]则能很好地解决这一问题:针对可稀疏信号,如果采用适当的正交基字典和与正交基字典不相关的观测矩阵,则能将 $\mathbf{R}^N$ 信息 K-稀疏化($K \ll N$)进行压缩,理论上能实现无损重建。煤矿安全监控一维实时监控数据、二维图像信号以及视频信号均具有可稀疏化的特性,从而使 CS 理论延伸到矿山信息压缩采集领域成为可能,这样就可立足于从源端大大降低信息采集速率,以降低对信道传输带宽的要求。

1.2.3　研究的意义

本书着眼于问题三和问题五的核心——数据压缩采集,针对煤矿物联网环境下海量传感信息的压缩采集与重建方法展开研究,研究意义主要体现在以下四方面:

① 首次将压缩感知理论引入物联网背景下的下一代煤矿通信系统中,利用前沿的信息处理理论和技术,通过对源端数据的压缩采集理论方法研究,为克服矿山信息传输瓶颈问题进行了学科前沿探索。

② 在自适应观测矩阵设计方面,将非线性重建转换成线性重建,大大降低计算复杂度,使压缩感知从理论走向应用成为可能。

③ 为其他近似应用系统的数据压缩采集提供有益的参考。

④ 这也是笔者主持的国家自然基金课题的研究课题的有益补充。

1.3　国内外相关研究现状

1.3.1　矿山物联网研究现状

随着大数据、云计算与人工智能等技术的飞速发展，以及现代矿山对安全生产与全方位监管的需求，智能化、科学化成为智慧矿山发展的新方向。早在2009年，中国矿业大学的丁恩杰、张申等教授通过四个专题讲座首次提出"感知矿山物联网"的概念，将"物联网"技术[19-22]引入矿山信息化中。他们给矿山物联网划分了明确的体系架构并指出了各层中涉及的关键技术和问题。

矿山物联网核心思想是"三个感知"，其研究核心是煤矿安全开采下的多学科信息深度融合，通过对井下异构、复杂、海量传感信息的压缩采集数据进行融合和识别，利用协同技术对生产中潜在的各类灾害实现感知预警。矿山灾害发生的区域和时间均具有未知性，并且矿山处于动态开采过程中，要感知这些灾害产生的前兆信息，只能采用符合矿山生产特点的基于无线传感器网络的分布式、可移动、自组网的信息采集方式。这需要研究矿山物联网关键技术，构建动态的煤矿灾害状况、设备健康状态、人员安全环境等信息感知与处理平台。

在人员与环境感知方面，邓惠等[23]将 RFID、传感器、Zigbee 等技术进行结合，构建了作业人员定位和实时环境监测系统，能够有效监测矿井内部各区域的瓦斯含量。李论[24]提出了一种基于高斯滤波的 RSSI 高精度定位算法，在原始 RSSI 测距定位算法基础上对接收端接收到的 RSSI 值进行高斯滤波优化处理，提高了定位精度，降低了误差率；马京等[25]基于航迹推算的定位方法的误差累计问题，利用 K 近邻和峰值检测方法求解指纹定位结果和航迹推算结果，并对结果进行加权融合得到目标位置，对煤矿巷道复杂环境具有较强的适应能力；L. Jing[26]提出了一种基于随机森林的煤矿职工定位算法，并将其应用于智能手机，提升了模型的定位精度，能够满足实际生产环境的要求。

井下无线网络是井下移动目标定位及信息交互的桥梁，在感知矿山体系中具有相当重要的作用。A. Frøytlog、L. R. Cenkeramaddi[27]提出了一种用于无线物联网设备的超低功耗唤醒模块的设计和原型实现，这种模块可以很方便地集成到无线物联网设备中，从而降低电池供电和能量收集设备的总功耗，延长设备的使用寿命；K. Kumar、S. Khera[28]利用传输能力、接收能量和低能量自适应层次化聚类协议对传感器自组网进行了能量优化，并提出了基于收发能量和 LEACH 协议的自组网方案。

在设备健康感知方面,刘卫东、孙文达、张震[29]针对设备故障模式先验未知的不利条件,根据采样数据建立时间序列,选取设备正常运行的参数作为正常工作的模态集,建立基于模态的健康信任度预报方法;陈铎、王刚[30]针对感知矿山设备的复杂性,开发了基于矿山物联网的设备动态管理系统;薛光辉等[31]针对工业设备状态有线监测系统布线复杂度高、灵活性差等问题,基于Zigbee 无线技术提出了一种无线工业设备状态智能检测系统的设计方案,能够精确反映设备状态,可为设备状态监测和故障分析提供有效支持。

在井下灾害感知方面,J. Eliasson、J. Delsing 等[32]针对井下地震活动和岩石应力构建了基于物联网的井下锚杆应力实时监测系统;李向东、王平等[33]通过分析井下泥石流形成机理,建立了井下泥石流预警模型,可有效保护矿山财产与人员安全。S. Qiao 等[34]对微震监测和灾害预测的数据采集系统进行了研究,对深井压裂过程中微震监测数据进行了分析。

此外,在感知矿山体系中,综合信息调度与处理是物联网矿山的软核心,因此针对矿山物联网 M2M 平台[35-37]、矿山云平台[38-40]等方面的研究也广泛展开。

在物联网矿山应用发展方面,2009 年 7 月,罗克佳华与罗马尼亚在霍州矿区合作兴建第二对大型矿井李雅庄矿,展开战略合作,共建数字化矿山。建立数字化矿井,对安全生产过程严格监控及远程监控,最大程度减少危险环境下遇险人群数,采用实时、高效、可靠、高度集成化、感知化的煤矿生产管控系统,使煤矿采掘生产方式无人化、少人化,这已经成为矿井生产建设的要求和趋势。

2010 年,大唐电信在综合自动化的基础上,建立煤炭综合信息化系统,这也是企业将感知矿山理念应用于煤矿安全信息化建设的雏形,实现了企业数据的自动化采集和网络化管理。2011 年 11 月中国矿业大学和徐州市共同完成我国第一个矿山物联网示范工程"感知矿山物联网夹河煤矿示范工程",同年南京邮电大学将物联网技术应用于徐州庞庄铁矿;同期神华集团、山煤集团、中煤集团等国内大型煤炭生产企业也同步将物联网引入煤矿安全生产中;2011 年 4 月,由中国矿业大学物联网研究中心和山煤集团霍尔辛赫矿共同建设的物联网示范工程在井下人员环境、设备健康状况方面取得突破,将矿山物联网在煤矿的应用又推进一大步;2013 年 3 月,由煤炭资源与安全开采国家重点实验室窦林名教授和华钢教授牵头、笔者参与的"Saas 矿山灾害云平台"项目将分布在全国各地的多个矿山微震数据、锚杆应力实时数据集中到煤炭资源与安全开采国家重点实验室进行统一分析处理回传,实现紧缺资源的高效共享。

目前在矿山物联网的理论和应用研究方面,矿山信息化建设在数字矿山的基础上基本完成升级转型,矿山物联网建设通过近十多年基础研究和政策布局,已基本在煤炭行业全面展开建设。当前矿山信息化建设聚焦于物联网环境下高速的传输网络及高可靠性、高综合能力的智能终端,数据处理云平台,智能信息处理方法等方面。面对矿山海量数据源,如何对源端数据进行压缩采集以克服传输瓶颈方面的研究尚处于起步阶段,这也是本研究的重要现实背景。

1.3.2 压缩感知研究现状

1.3.2.1 理论框架研究现状

压缩感知(compressed sensing 或称 compressive sensing/sampling,CS)也被译为压缩传感或压缩采样[12-18],首先是由美国科学院院士 D. L. Donoho,E. J. Candès 和华裔科学家 T. Tao(陶哲轩)等在对概率论与数理统计,拓扑学和运筹学、矩阵分析、信号处理理论等领域研究的基础上提出的。2004 年,加州理工学院的 E. J. Candès、J. K. Romberg 和 T. Tao 等发表了一篇关于压缩传感的研究报告,该报告 2006 年正式发表在 *IEEE Transactions on Information Theory* 上。随后斯坦福大学的 Donoho 对该理论进行了推广,正式提出了压缩感知理论[12],从此,压缩感知理论开始引起信号处理领域学者们的广泛关注。

压缩感知改变了传统的奈奎斯特采样处理框架,通过线性观测获取少量的线性观测值,然后对获得的观测值做低速 A/D 转换,最后通过非线性优化算法实现信号的精确重建。压缩感知理论的基本框架如图 1-2 所示。

图 1-2 压缩感知基本框架

由图 1-2 可知,压缩感知不需要在信息采集时对信号进行高速采样和变换,直接采用线性观测获得观测值,这种基于线性观测的信号采集方式主要有两方面作用:一方面直接对原始信号进行压缩采样;另一方面节约了采集端的计算资源,将计算复杂度转移至信号的重建端,亦即将传统的对称计算模式转变为非对称计算模式[41]。压缩感知理论的前提条件是待采样信号在某个变换域的系数是稀疏的。自然界的信号在一定的变换域上大都具有显著的可压缩性,这为压缩感知理论提供了十分广阔的应用空间[42]。压缩感知理论充分利用信号的可压缩性实现对信号的采集和编解码,其核心是线性观测和非线性重建,它本质上是将线性观测与带通采样相结合,因此不同于传统的采样定理和信号的频率限制,将信号采样变成信息采样。

目前,国内外针对压缩感知理论主要在以下方面展开研究:

(1) 最佳稀疏表示

如何找到信号的最佳稀疏基,使信号在该基下的变换系数具有最佳稀疏性。

(2) 最佳观测矩阵

如何设计一个与变换基不相关且平稳的观测矩阵,确保利用观测矩阵对信号进行线性观测时,信号中的信息不被破坏,即最佳线性观测问题。

(3) 高效的精确重建算法

如何设计性能稳定,同时解算效率优异的重建算法,利用高效稳定的重建算法快速地从少量线性观测值中精确恢复出原始信号,即信号重建问题。

(4) 实际应用

如何利用压缩感知理论的特点,将压缩感知和实际问题相结合,开展针对具体应用系统的算法研究和设计,即压缩感知应用问题。

这里将压缩感知研究领域的三个重要环节即稀疏表示、线性观测、精确重建称为压缩感知三要素。自压缩感知理论被提出以来,相关研究已经取得可喜进展。首先,在理论上,Donoho及后来许多学者对压缩感知的数学基础进行了证明[12-18];其次观测矩阵设计和信号重建算法等基础研究也获得了初步成果;在应用领域,国内外许多学者在光学成像[43]、无线传感网[2]、超分辨[44]、雷达成像[3,4,45]、核磁共振图像等领域正在进行广泛研究。但总体上说,由于压缩感知论框架对于信号处理领域仍然是一个新课题,各项研究仍处于起步阶段,针对诸多具体问题和应用问题的研究尚不成熟,从目前压缩感知理论的独特优势和研究进展上看,针对它的应用研究具有十分广阔深远的意义。

1.3.2.2 信号稀疏表示研究现状

信号表示是指将信号在某个函数集上进行分解以达到变换域等效表示的目的,其中以线性分解最为常见[46]。信号的稀疏表示是指信号在某变换域上用较少的基函数准确表示原始信号,获得信号稀疏表示的过程被称作信号的稀疏分解[47]。自然界中的绝大多数信号是时空域非稀疏的,但在某些变换域上可以等效稀疏表示,以调和分析为基础的信号变换域表示是最常用的信号稀疏表示方法。根据调和分析理论,信号可以分解成若干个基函数的加权和[48]。若信号具有可压缩性,当选择了适当的基函数,可以使用少量的加权分量实现信号的精确逼近,离散傅立叶变换(DFT)、离散余弦变换(DCT)和离散小波变换(DWT)都是典型的调和分析方法。

自从法国科学家约瑟夫·傅立叶(Joseph Fourier)提出著名的傅立叶变换(Fourier Transform)以来,傅立叶变换成为处理平稳信号的重要工具。所谓傅立叶变换是指将信号在傅立叶基上进行展开,获得信号的频域等效表示[49]。傅立叶变换揭示了信号时、频域间的内在联系,能等效获得时域信号的所有频谱分量。然而,傅立叶变换通常针对全局时域信号进行变换分析,无法反映时域局部区域上的频谱特性,因此,它缺乏对非平稳信号和局部变化信号分析和处理的能力[50]。

小波变换是从傅立叶变换思想逐步演变和发展起来的一种新的信号表示方法。小波变换属于一种时域频域联合分析工具,能够实现对信号时域、频域局部特性分析,能够提供精确的时域定位和精确的频域定位[51-53]。小波变换自被提出以来,已被广泛应用于数字和图像视频信号等问题的分析和处理中。对点状奇异性目标函数来说,小波基具有最优表示特性,能够精确反映出奇异性的位置和特性。尽管小波变换具有优秀的奇异性表示能力,但不能简单地将这种对一维信号的表示能力推广到二维和高维信号的分析和处理中[54,55],这也限制了它在许多问题中的应用。

除了傅立叶变换、离散余弦变化、小波变换等一些典型的调和分析方法外,目前在调和分析方法上快速发展的多尺度几何分析(multiscale geometric analysis)也都属于信号稀疏表示的范畴。该类方法能够更加有效地对二维图像和更高维信号进行稀疏表示和处理。到目前为止,常见的多尺度几何分析方法主要有轮廓波(contourlet)变换[56]、曲波(curvelet)变换[57]、梳状波(brushlet)变换[58]、脊波(ridgelet)变换[59]、楔形波(wedgelet)变换[60]以及裁剪波(shearlet)变换[61,62]等。

R. R. Coifman、M. V. Wickerhauser 1992 年以最佳原子思想为基础提出了稀疏分解的概念[63]，次年，S. G. Mallat 和 Z. Zhang[64]结合小波理论提出了利用过完备字典对信号进行稀疏分解的思想，使得信号的表示变得更加灵活简洁，将信号的稀疏表示推向一个新的高度。稀疏表示方法是以泛函及优化理论等数学为基础的，如何利用数据工具将复杂问题简单化表示是信息优化理论研究的重点，需要学者在稀疏表示理论方法上展开更广阔深入的研究。

1.3.2.3　压缩感知观测矩阵

继信号稀疏表示之后，对信号的线性观测是压缩感知领域面临的第二个新的课题，它也是一个建立在复杂数学基础上的科学问题。当前压缩感知观测矩阵主要分为随机观测矩阵和确定性观测矩阵两大类[65,66]。确保信号精确重建是观测矩阵设计的前提和基础，因此，无论哪种观测矩阵在对信号进行稀疏观测时，必须确保原始信息的完整性，这就要求在稀疏观测确保稀疏映射的唯一性，即观测矩阵不能把两个不同的输入值映射成相同的输出(观测值)。对此，约束等距性(restricted isometry property，RIP)给出了存在精确重建的充分条件[67]，这与 Candès、Tao 等提出的观测矩阵必备的几何性质是一致的。因此，如何确定重建向量中非零系数的位置是精确重建的核心，而 RIP 条件的证明是一个 NP-Hard 组合问题，为了降低求解矩阵 RIP 特性的复杂度，Donoho等[68]指出，如果稀疏基与观测矩阵不相干，那么观测矩阵可以高概率满足 RIP特性，这为简化求解 RIP 问题提供了一个新的研究方向。R. Baraniuk 等[69]更进一步地证明了具有随机分布特征的矩阵能高概率满足 RIP 条件。因而，当前高斯类随机观测矩阵成为信号重建方法验证最常用的观测矩阵，但随机高斯矩阵的非结构化特点使得它在内存耗用和计算复杂度方面存在巨大缺点，这与压缩感知的高速采集、简单处理的初衷是相悖的，因而限制了压缩感知理论走向应用。虽然后来不少学者利用伪随机循环思想设计了 Toeplitz 矩阵[70,71]，使矩阵结构得到简化，所需存储空间降低，但仍无法摆脱随机性限制，仍存在高计算复杂度等问题，所以，如何降低观测矩阵的结构复杂度和计算复杂度成为压缩感知矩阵研究方向的核心。Y. Zhou 等[72]提出了一种基于 Hadamard 矩阵的简单但有效的测量矩阵，称其为 Hadamard 对角矩阵(HDM)，采用有效的优化策略来降低相干性，以获得更好的重建质量。Bottisti 等根据图像先验知识提出树形自适应观测矩阵得到改善的观测效果；L. Haiqiang 等将低密度奇偶校验码的奇偶校验矩阵用作确定性测量矩阵,利用 Bose 提出的一种特殊的平衡不完全块设计来构造确定性测量矩阵,其具有较低的互相干性,并且与渐进的边缘增长测量矩阵相比,具有更好的性能。赵玉娟等[75]以高斯随机观测阵为初始矩阵,利用信号稀疏域系数的部分先验信息进行自适应变换,形成新的自适应观测矩阵,当压缩感知矩阵对信号的系数进行投影时,可使得系数中的小系数更接近于零;同时,通过减少观测阵行向量的方式来减少观测值,从而使得应用自适应观测阵后的数据传输量与用高斯随机矩阵的数据传输量相差不大。但自适应观测矩阵通常针对一些特殊应用来展开,相关通用的理论研究还需进一步探索。

确定性观测矩阵因其具备高度结构化、运算速度快、存储要求低成为观测矩阵也是观测矩阵研究方向之一[76-79],本书第 5 章即针对这类矩阵展开研究。

总结当前观测矩阵方面的研究工作,可以得到如下结论:原始信号的可压缩性是压缩感知线性观测的前提,观测矩阵的随机不相关性以及 RIP 性质是信号有效重建的充分条件,但仍无法获证具有随机不相关特性的观测矩阵与精确重建最优性之间的确切关系。如何衡量观测矩阵的不相关性,观测矩阵与精确重建之间满足什么样的理论关系以及如何设计简化的等效观测矩阵是压缩感知理论需要攻克的三大难题。

1.3.2.4 信号重建算法

在信号稀疏重建研究中,直接通过 l_0 非线性求解原始系数解释一个 NP 难问题。Chen 和 Donoho 等研究表明,l_0 的求解几乎可以等价为求解 l_1 范数,这就使得 l_0 非凸问题转换为凸优化问题,可以方便地线性规划求解,这大大降低了求解复杂度。当前求解 l_1 的典型方法是基追踪(basis pursuit,BP)算法[80,81]以及以此为基础的各种迭代算法,但由于线性规划的逐次梯度投影迭代存在收敛慢的问题,因此求解 l_1 仍然存在巨大的计算复杂度。因此,基追踪求解方法仍然不是最优的,而且,在某些情况下,线性规划会出现尺度交换现象(低尺度能量被搬移至高尺度),反而使得解的收敛性陷入局部最优,重建性能降低。E. J. Candès[82]等针对线性规划中的这个问题,利用先验知识约束重建信号,将其投影到凸集上然后线性求解,确保迭代收敛的方向一致性,从而提升了求解速度,其本质仍是 l_1 优化问题。此后,J. A. Tropp 和 C. Gilbert[83]等将贪婪迭

代应用于对 l_1 的求解过程,进一步加快了收敛速度。V. D. Berg 等[84]采用递增的稀疏性指标来约束 l_1 收敛的 SPGL1 算法,再次提升了收敛率,但值得说明的是,SPGL1 对噪声极其敏感。

求解此类 l_1 范数稀疏优化问题的算法还有梯度投影稀疏重建(gradient projection for sparse reconstruction,GPSR)算法[85]、L1-Ls、L1-Magic[86]、SL0[87]、FOCUSS[88]、最小绝对收缩和选择算子(least absolute shrinkage and selection operatior,LASSO)[89],适合于小尺度问题的同伦算法[90]及 Bregman 迭代算法[91]等。

最典型的贪婪迭代算法是 1994 年由 Pati 等[92]提出的正交匹配追踪(orthogonal matching pursuit,OMP)算法,它突破了 MP 算法不能达到最优的缺点,并提高了算法收敛的速度。之后的多数贪婪算法都是对 MP 和 OMP 算法的改进。目前主要的贪婪算法有:分段正交收敛追踪(stage-wise orthogonal convergent pursuit,StoCP)[93],依阶次递推匹配追踪(order recursive matching pursuit,ORMP)[94,95],正则化正交匹配追踪(regularized orthogonal matching pursuit,ROMP)[96],子空间追踪(subspace pursuit,SP)[97],稀疏自适应匹配追踪(sparsity adaptive matching pursuit,SAMP)[98],分段匹配追踪(stagewise OMP,StOMP)[99],最优正交匹配追踪(optimized orthogonal matching pursuit,OOMP)[100],正则化自适应匹配追踪(regularized adaptive matching pursuit,RAMP)算法[101],压缩采样匹配追踪(compressive sampling macthing pursuit,CoSaMP)[102],树形匹配追踪(tree matching pursuit,TMP)[103],盲稀疏匹配追踪[104],核匹配追踪(kernal matching pursuit,KMP)[105,106]等。方向追踪方法(directional pursuit,DP)是另一种针对此 l_1 范数的最优化方法。主要有:梯度追踪(gradient pursuit,GP),变步长自适应匹配追踪(variable step size adaptive matching pursuit,VssAMP)[107],共轭梯度追踪(conjugate gradient pursuit,CGP),近似的共轭梯度追踪(approximate conjugate gradient pursuit,ACGP),分阶段弱梯度追踪(stagewise weak gradient pursuit,SWGP)等[108]。

此外还出现了上述算法的组合算法,如稀疏 Fourier 表示[109,110]、HHS(heavy hitters on steroids)追踪[111]和链式追踪(chaining pursuit,CP)[112]等。

这三大类重建算法中,基追踪类算法所需观测数最少,但计算复杂度最高,组合算法求解最快,所需观测数却最多;与前两者相比,贪婪迭代类算法的计算复杂度和观测数介于它们之间[88]。

通过对上述各种信号重建算法的概述可知,信号重建时间与算法的计算复杂度成正比;而观测数又直接决定信号重建的效果和观测压缩效率。当前重建算法主要集中在降低计算复杂度、算法稳定性和观测压缩效率三方面。

1.3.2.5 压缩感知应用

任何学科的理论研究都是以服务于应用为目的的,压缩感知也不例外。因此从压缩感知诞生开始,不少学者就试图将其引入一些热点应用领域,如雷达成像[113-118]、医学成像[119]、光学成像[43]、无线传感器网络[2]、DNA 微阵列设计[120]、分布式压缩感知[121]、穿墙雷达(through-the-wall radar,TWR)[122],以及遥感[123]、超分辨图像处理[124-126]等。

目前最典型的应用当属于早稻田大学将压缩感知理论与数字显微镜器件(digital micromirror device,DMD)阵列相结合研发的单像素相机,其基本结构原理如图 1-3 所示。它成功地通过线性观测值采集替代传统信号采集实现对图像的采集,是压缩感知理论验证的最典型应用。2017 年,Yao Zhao 等提出了一种基于动态单像素相机的超分辨成像方法,利用动态单像素相机获取亚像素位移的亚高分辨图像,与传统的单像素成像系统相比,该方法在空间分辨率和信噪比方面具有显著优势。

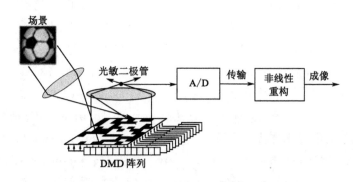

图 1-3 单像素相机成像原理

压缩感知的另一个应用领域就是无线传感器网络。无线传感网络利用散布各地的众多传感器收集数据,这些传感器一般备有独立电源,可长时间独立工作,这就要求传感器具有节能和低成本特征,而且,即便采用信号受扰也不会影响整体重建。显然这是传统采样定理难以做到的,而压缩感知理论却能有效克服这个困难[2]。

除了上述应用外,压缩感知理论在无线数据通信[127,128]、微阵列信息采集[120]、信号检测[129]、磁共振成像算法[130]、天文学信号处理[131]、视频压缩[132]等领域得到广泛关注。而且从压缩感知领域发展出了 DCS（distributed compressed sensing）理论[133]、信息论[134-136]、Bayesian CS 理论、1-bit CS 理论、块 CS 理论、无限维 CS 理论[137]等。D. Donoho 因在压缩感知理论研究上的杰出贡献获得"2008 年 IEEE IT 最佳论文奖"。

1.3.2.6 国内压缩感知研究现状

随着莱斯大学、杜克大学、加州大学伯克利分校、斯坦福大学等高校和研究机构对压缩感知理论研究的不断开展，国内的许多科研工作者也先后投入该领域的研究中。国内最早研究压缩感知理论的学者是方红、章权兵和韦穗，而真正在学术界引起广泛关注的是 2009 年石光明教授等在《电子学报》发表的题为《压缩感知理论及其研究进展》的综述文章。

近年来，压缩感知理论体系已逐渐走向成熟，与其他领域的有机结合是目前的主要研究方向。马坚伟[138]将压缩感知的一些基本概念引入地球物理勘探中，包括地震数据不规则采集、处理、成像、反演的新理论和新技术。樊晓宇、练秋生[139]利用核磁共振图像在综合稀疏模型和稀疏变换模型下的稀疏性先验，将双稀疏模型应用于压缩感知核磁共振图像的重构系统中。

1.3.3 压缩感知研究热点

国内外学者在压缩感知研究领域关注的问题主要包括：
① 信号的稀疏表示；
② 观测矩阵可行性研究和观测矩阵设计；
③ 重建算法的改进；
④ 1-bit 压缩感知理论；
⑤ 分布式压缩感知理论；
⑥ 视频压缩感知理论；
⑦ 压缩感知理论在不同领域的应用研究。

值得一提的是西安电子科技大学的雷达成像中心和中科院将压缩感知用于卫星超分辨图像研究也取得一定成果。这说明国内研究在某些具体应用上能够紧盯国际前沿，为后续的研究设计提供了基础和保障，而将压缩感知理论应用于矿山信息处理的理论方法更是一个全新的课题，有待国内外相关专家学者展开深入研究。

1.4 本书主要研究内容及创新点

1.4.1 本书主要研究内容及结构安排

本书首先阐述了课题的研究背景,对矿山物联网压缩感知的研究现状及发展进行了全面综述,并给出了研究内容和框架;然后从信号的稀疏表示、稀疏观测和重建三方面进行压缩感知理论框架展开介绍。全书紧扣"矿山数据压缩感知与重建方法"这个主题从理论和应用两方面展开了研究。

在理论研究方面,本书通过基础框架提出了一种混沌观测矩阵,充分利用混沌序列的高阶无关性降低观测矩阵的构造复杂度,同时提高信息采集的安全性;在信号重建方面,受贪婪思想中的正交投影收敛启发,提出一种针对投影残差快递下重建算法——基于残差收敛的正交追踪(StORCP)算法,来加快OMP 的残差迭代收敛速度。

在应用研究方面,感知矿山处理的信息主要包括一维监控数据、语音数据和二维图像数据,在实际应用中,需要解决这些数据的实时压缩采集与快速重构问题。理论研究中随机观测和非线性求解带来的高计算复杂度问题无法满足矿山实时压缩采集与重建需求,本书提出基于系数贡献度的自适应观测(CCBAM)与重建算法,将非线性观测转换为线性观测,大大降低了计算复杂度;为解决 CCBAM 过低的系数贡献度带来的高频失真问题,进一步利用信号的稀疏域特征将指数衰减的分布稀疏在高阶等效为线性衰减,对 CCBAM 中选择的系数进行线性补偿,有效提升了重建信号的精度。同时利用煤矿生产先验知识,结合 CCBAM 观测方法,提出多尺度 1-bitCS 算法,有效克服了 1-bit 压缩感知算法中存在的过载量化失真问题,并将该算法成功应用于淮北矿业集团的 26 个矿。

最后,对所做工作进行了总结和展望,本书研究思路和布局如图 1-4 所示。

本书结构大体分为四大部分:首先通过第 1 章提出研究的问题及涉及的理论,然后在第 2 章对理论展开介绍;第二部分为第 3、4 章,从理论分析的角度出发针对压缩感知理论提出了混沌观测矩阵和 StORCP 算法;第三部分为第 5、6 章,从矿山数据压缩采集的高实时要求的应用角度,提出满足应用实际的观测重建算法,本书最后对所做工作进行了总结,并对下一步的工作进行了展望。

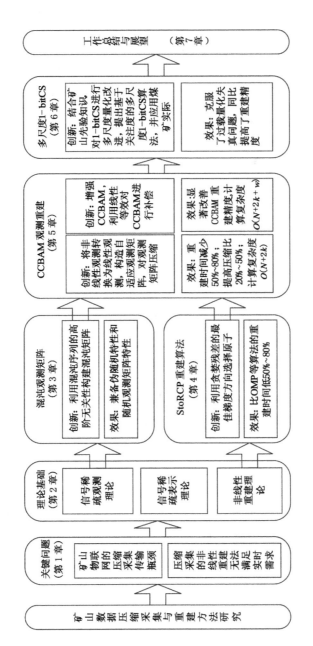

图 1-4　本书内容及结构

1.4.2　本书创新点

本书围绕图 1-4 所组织的结构和内容展开撰写,创新成果包括:

(1) 提出了混沌观测矩阵。针对压缩感知观测矩阵设计中常规高斯类矩阵和贝努利类矩阵在观测重建时,存在计算复杂、随机不可控、增加重建的计算复杂度和内存需求高等问题,利用混沌的伪随机特性,提出了一种混沌观测矩阵,充分利用混沌序列的高阶不相关性来产生观测矩阵,使得观测矩阵兼备了随机矩阵的随机分布特征又具有伪随机可控的特征,从而能有效降低重建复杂度且有助于增加采集信息安全性。理论研究和仿真实验表明混沌矩阵具有完备的 RIP 特性,完全满足随机观测理论,具有和高斯随机矩阵完全一致的特征。

(2) 提出了 StORCP 重建算法。针对稀疏信号的重构,目前在牺牲一定观测率的前提下,基于贪婪算法思想的重建算法优于基于凸优化思想的基追踪算法。笔者受 OMP 正交投影启发,从 OMP 迭代残差下降最优梯度投影的方向对 OMP 进行改进,提出了基于残差收敛的正交追踪算法(StORCP),算法每次对剩余原子的残差在最优选择基上进行投影,寻找最小的投影值原子作为新的备选原子,从而逐次快速逼近最优解。仿真实验表明,该算法在信号重构误差和重构概率以及重建质量方面同比优于 OMP、StOMP、ROMP 等当前几种典型的凸优化算法,在相同重建精度下,比 OMP 算法的重建时间降低 50%～80%。

(3) 提出了 CCBAM 自适应观测重建算法。尽管本书提出的混沌观测矩阵和 StORCP 重建算法在重建复杂度方面有所降低,但是非线性求解高维空间解的过程仍然存在较高的计算复杂度,信号重构时间仍无法满足矿山实时监控数据压缩采集需求。为降低这种计算复杂度,从信息的统计特征出发,提出一种能适应信息特征变化的自适应观测矩阵——基于系数贡献度的自适应观测(CCBAM)矩阵,将非线性重建问题转换为线性重建问题,将计算复杂度从 $O(MN)$ 降低为 $O(N+2k)(k \ll N)$。大量的实验仿真证明,该算法在重建时间、压缩比、重建质量方面同比优于当前几种典型的凸优化和基追踪算法,在相同重建精度下,数据压缩比降低 20%～50%。

(4) 提出了 E-CCBAM 自适应观测重建算法。为克服 CCBAM 算法中低贡献度带来的高频失真问题,笔者进一步提出一种增强的 CCBAM 方法(E-CCBAM),充分利用信号在稀疏域分布上服从指数衰减的特性,对若干连续高阶系数的衰减进行线性逼近,并快速补偿 CCBAM 中的高频失真,从而大大改善信号的重建精度,而计算复杂度仅有 $O(N+2k+w)(k\ll N,w\ll N)$。

(5) 提出基于关注度的多尺度 1-bitCS 算法。该算法在 CCBAM 观测矩阵的基础上,利用先验知识将信号划分不同等级,进而采用不同压缩尺度采集信号的变化,有效解决了 1-bitCS 存在的过载量化失真而丢失敏感信息的问题,该算法已被成功应用于淮北矿业集团 26 个煤矿的安全监控信息压缩采集系统之中。

1.5　小结

本章阐述了研究背景和意义,对本书各章涉及的相关研究现状进行了综述,给出了本书的研究思路和内容。

2 压缩感知理论

2.1 引言

压缩感知理论（compressed sensing theory）自 2006 年由 Donoho 等人[12-17]正式提出以来，因其低速信息采集特性引起了国内外学者的广泛关注。传统奈奎斯特采样定理必须大于等于被采样信号带宽的两倍，而压缩感知仅仅关注原始数据的可稀疏性而放弃了传统意义上的带宽要求，将数据采集直接转换为信息采集，突破了奈奎斯特采样速率限制，为突破高速率、高带宽信号采集瓶颈限制提供了新思路和新途径。

2.2 压缩感知数学模型

若信号 x 的稀疏基为 $\boldsymbol{\Psi}$，观测矩阵 $\boldsymbol{\Phi} \in \mathbf{R}^{M \times N}$，$M \ll N$，线性测量值 y 公式为：

$$y = \boldsymbol{\Phi}x = \boldsymbol{\Phi}\boldsymbol{\Psi}\boldsymbol{\Theta} = \boldsymbol{A}^{cs}\boldsymbol{\Theta} \tag{2-1}$$

其中 $\boldsymbol{\Phi}\boldsymbol{\Psi} = \boldsymbol{A}^{cs}$，$\boldsymbol{A}^{cs}$ 被称作观测算子，也被称作冗余字典，简称字典，以后本书中出现 $\boldsymbol{A}^{cs}$ 被简记为 $\boldsymbol{A}$，测量过程如图 2-1 所示：

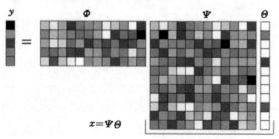

图 2-1 压缩感知观测示意图

由图 2-1 可知,稀疏观测的过程其实质是对一个可在 Ψ 域进行稀疏表示的信号 x 进行降维线性表示的过程。从压缩感知的体系中可以看出,压缩感知的过程实质为信号的稀疏表示、信号的稀疏观测和信号的精确重建。

2.3　信号的稀疏表示

压缩感知理论是以数学为基础,涉及物理、数学和信息理论等多学科的综合理论体系,其主要研究内容包括:泛函与优化理论、信号重建理论、非线性重建算法设计以及理论的应用转化等,基本体系结构如图 2-2 所示:

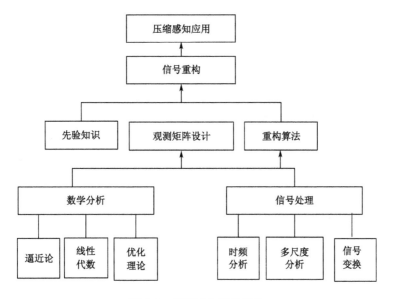

图 2-2　压缩感知理论架构

由图 2-2 可知,信号处理和数学基础是压缩感知理论的核心,在一定条件下压缩感知与传统采集压缩在信号重建方面具有相同性能。因此,信号线性观测及非线性重建的应用研究便以此为基础。下面分别从信号的可稀疏性和压缩感知数学模型方面展开理论分析。

2.3.1　可稀疏信号

若一个信号在可以用某组基的少量原子进行线性组合,则称信号在该基下是稀疏的,可稀疏表示的信号才具备被压缩的可能性,对于这种可被稀疏表示的信号,称之为稀疏信号。

若 $x \in \mathbf{R}^N$,x 为 $N \times 1$ 的列向量,其元素为 $x_i, i = 1, 2, \cdots, N$,$\Psi := [\Psi_1, \Psi_2, \cdots, \Psi_N]$ 表示一组基,若 x 在基 Ψ 上的线性组合满足(2-2),则称 x 被稀疏表示。

$$x = \sum_{i=1}^{N} \theta_i \psi_i \quad \text{或} \quad x = \Psi\Theta \qquad (2-2)$$

其中,Θ 是与 x 长度相等的投影系数,$\Theta_i = \langle x, \psi_i \rangle$。如果 Θ 仅有 k 个非零元素,或者 x 可用 Θ 中的 k 个大系数逼近,则称 x 为 k 稀疏信号。若 $k \ll N$,x 为稀疏信号。$\Theta_i = \langle x, \psi_i \rangle$,有[12]:

$$\|\Theta\|_p \equiv \left(\sum_{i=1}^{n} |\Theta_i|^p \right)^{\frac{1}{p}} \leqslant R \qquad (2-3)$$

在变换域编码理论中:

$$\hat{x} = \sum_{i=1}^{k} \Theta_i \Psi_i \qquad (2-4)$$

式中,Ψ 为变换基;Θ 为变换域系数。根据稀疏表示理论[12-14],原信号可以通过 k 个大系数近似表示,误差为:

$$\|x - \hat{x}\| \leqslant \zeta_{2,p} \cdot \|\Theta\|_p \cdot (k+1)^{1/2 - 1/p} \qquad (2-5)$$

式中,$\zeta_{2,p}$ 是一个仅取决于常数 $p \in (0, 2)$ 的常数。

2.3.2　稀疏表示数学模型

稀疏表示可以表述为:

$$\min \sharp \{t, x(t) \neq 0\}, \text{ s. t. } x = A\Theta \qquad (2-6)$$

或者写成如下形式:

$$\min \|\Theta\|_0, \text{ s. t. } x = A\Theta \qquad (2-7)$$

字典中的列 A_i 称为字典的原子(Atoms),$\|\cdot\|_0 = \min \sharp \{t, x(t) \neq 0\}$ 表示 l_0 范数,即 x 中非零元素的个数。

由式(2-7)可知稀疏表示具有稀疏性(sparsity)和过完备性(overcompleteness)特征。信号的稀疏表示就是信号在给定的基上投影所得系数是稀疏的,即:只需少量的原子的线性组合来替代原始信号,过完备性则表示用于观测信号的字典原子个数大于信号维数,因此能提供更稳定的信号表示。

从数学分析的角度来讲,式(2-7)定义的稀疏编码方法是可以实现的,但

实际中这是个求解 C_N^k 组合 NP 难的问题，非常难求解。D. L. Donoho[140]，Candès 和 Tao 已证明在足够稀疏的条件下，ℓ_0 可以转换为 ℓ_1 的凸优化求解问题。

$$\min \| \boldsymbol{\Theta} \|_1, \text{ s. t. } x = A\boldsymbol{\Theta} \tag{2-8}$$

为便于表述，将式(2-7)和式(2-8)表示为：

$$\min \boldsymbol{\Psi}(\boldsymbol{\Theta}), \text{ s. t. } x = A\boldsymbol{\Theta} \tag{2-9}$$

在实际观测系统中很难避免噪声，于是 $x = A\boldsymbol{\Theta}$ 变为：

$$x = A\boldsymbol{\Theta} + n \tag{2-10}$$

n 为高斯白噪声。由此，式(2-10)可改写为不等式约束方程，即：

$$\min \boldsymbol{\Psi}(\boldsymbol{\Theta}), \text{s. t. } \| x - A\boldsymbol{\Theta} \|_2^2 < \varepsilon \tag{2-11}$$

其中 ε 表示噪声强度或稀疏表示误差。通常 $\boldsymbol{\Psi}(\boldsymbol{\Theta}) = \| \boldsymbol{\Theta} \|_p, 0 < p < 1$，在压缩感知研究中，它有多种表达方式，如稀疏性约束的表达方式：

$$\min \| x - A\boldsymbol{\Theta} \|_2^2 + \lambda \boldsymbol{\Psi}(\boldsymbol{\Theta}) \tag{2-12}$$

其中 λ 表示正则化参数，用于均衡稀疏性和稀疏表示误差，或者写成：

$$\min \| x - A\boldsymbol{\Theta} \|_2^2, \text{ s. t. } \boldsymbol{\Psi}(\boldsymbol{\Theta}) < \tau \tag{2-13}$$

其中 τ 为稀疏性指标。

式(2-13)也可用 $\boldsymbol{\Theta}$ 的最大后验概率稀疏表示：

$$\boldsymbol{\Theta} = \underset{\boldsymbol{\Theta}}{\arg\max}\{\log p(\boldsymbol{\Theta}|x)\} = \underset{\boldsymbol{\Theta}}{\arg\max}\{\log p(x|\boldsymbol{\Theta}) + \log p(\boldsymbol{\Theta})\}$$
$$= \underset{\boldsymbol{\Theta}}{\arg\max}\{-\log p(x|\boldsymbol{\Theta}) - \log p(\boldsymbol{\Theta})\} \tag{2-14}$$

若叠加在 x 的噪声满足 $N(0 \sim \sigma^2)$ 分布，则：

$$p(x|\boldsymbol{\Theta}) \propto \exp\left(\frac{1}{2\sigma^2} \| x - A\boldsymbol{\Theta} \|_2^2\right) \tag{2-15}$$

$\boldsymbol{\Theta}$ 的先验概率模型为：

$$p(\boldsymbol{\Theta}) \propto \exp(-\theta\boldsymbol{\Psi}(\boldsymbol{\Theta})) \tag{2-16}$$

将式(2-15)和式(2-16)代入式(2-14)，并令 $\lambda = 2\sigma^2\theta$ 可得式(2-13)的稀疏表示模型。

从信号最稀疏表示上来讲，最大压缩比出现在信号最稀疏表示时刻。利用字典 A 对信号 x 压缩表示，对 A 进行有损编码，重建 $x \approx A\boldsymbol{\Theta}$。实现过程可描述为：指定 A 的概率 $p(A)$；计算具有 $L(A)$ 长度的编码 $C(A)$，并确保 $L(A)$ 尽可能体现在小的信息量上，这刚好是信息量的理论模型：$L(A) = -\log p(A)$。由此可见，在一定误差 $\varepsilon(\| x_i - A\boldsymbol{\Theta}_i \| \leq \varepsilon)$ 条件下求最大化概率 $p(A)$ 问题是有损压缩的基本思想。对 x 的样本 x_i 的最优压缩系数 $\boldsymbol{\Theta}_i$ 可表示为：

$$\Theta_i = \underset{\Theta_i}{\operatorname{argmin}} - \log\ p(\Theta_i), \text{s. t.}\ \parallel xi - \mathbf{A}\Theta_i \parallel_2^2 \leqslant \varepsilon \tag{2-17}$$

选择 $p(\boldsymbol{\Theta}) \propto \exp(-\boldsymbol{\Psi}(\boldsymbol{\Theta}))$，上式与公式（2-11）的稀疏表示模型一致。

进行无损压缩时，需要考虑重建残差 $x_i - \mathbf{A}\Theta_i$，因为 $p(\boldsymbol{x}, \boldsymbol{\Theta}) = p(\boldsymbol{x}|\boldsymbol{\Theta})p(\boldsymbol{\Theta})$，编码长度转化为：

$$L(x_i, \Theta_i) = \log\ p(x_i, \Theta_i) = -\log\ p(x_i|\Theta_i) - \log\ p(\Theta_i) \tag{2-18}$$

求解 Θ_i 相当于求解 $\min\ L(x_i, \Theta_i)$，这与式（2-14）是一致的，而无损压缩又回到了式（2-13）所表示的模型。

2.4　稀疏观测理论

2.4.1　观测矩阵理论分析

在确保稀疏信号 x 中信息完整的前提下，重建时则可通过下式求解：

$$\min \parallel \boldsymbol{\Psi}^{\mathrm{T}} x \parallel_0 \quad \text{s. t.}\ \boldsymbol{\Phi}x = y \tag{2-19}$$

由式（2-6）可知，信号重建过程其实就是 ℓ_0 最小化过程，而这需要 C_N^k 种非零组合，一般情况下 k 未知，这给求解带来更大难度。因此，如何寻求一种最优的替代方法来降低计算复杂度是压缩感知算法研究中的一个重要研究课题。可喜的是目前已有大量学者在这方面展开了广泛研究，经证明，求解 ℓ_0-范数最优化问题可以完全转换为求解 ℓ_1[141,142]问题，即通过求解：

$$\min \parallel \boldsymbol{\Psi}^{\mathrm{T}} x \parallel_1 \quad \text{s. t.}\ \boldsymbol{\Phi}x = y \tag{2-20}$$

通常称这种利用 LP 求解式（2-7）的过程称作基追踪[80,81]，计算复杂度为 $O(N^3)$，可以看出该方法仍然存在收敛速度慢的问题，根据 Donoho 等人的结论，针对重建误差上限，可以给出如下定理[12]：

定理 2.1：令 (M, N) 为信号 x 的行列表示，且 $M < N, M \rightarrow \infty, N \sim AM^r, r > 1, A > 0$，则对于 $p \in (0, 1]$ 和 $C_p = C_p(A, \gamma) > 0$，重建误差最大值为：

$$E_{\max}(X_{p,N}(R)) = C_p \cdot R \cdot (M/\log(N))^{1/2 - 1/p} \tag{2-21}$$

对比重建误差上限和定理 2.1，若令：

$$n = (k+1) \cdot \log(N) \tag{2-22}$$

则二者获得一致结果，即可通过 $M \cong (k+1) \cdot \log(N)$ 个观测值重建原来信号的 k 个系数所表示的近似逼近。

对于 ℓ_1 范数最优化可重建条件，Candès 和 Tao 提出了约束等距性质

(restricted isometry property，RIP），Baraniuk[69]等利用 JL 引理等数学工具证明了随机矩阵能以极高的概率满足这个条件，但对于任意矩阵，验证其是否满足 RIP 条件却十分困难。

A. d'Aspremont[143]提出了利用半正定松弛规划法验证零空间性质的方法，其计算复杂度为 $O(N^4 \sqrt{\log N})$，但限于稀疏度 $k=O(\sqrt{M})$ 的小尺度信号；Y. Zhang[144,145]，A. Cohen[154]等研究了基于零空间质（null space property，NSP）的重建条件。

D. L. Donoho 和 X. Huo[146]研究了字典原子的互相关性（mutual coherence），得出了可精确重建信号的字典的相关系数与信号稀疏度之间的关系，将 RIP 条件放宽到可验证的范围内。此外文献[146]也描述了信号可重建的条件，T. T. Cai 等[147,148]和 P. Tseng[149]得到了比文献[146]中更弱的可重建条件。

然而，上述学者都仅仅针对字典互相关系数的极大值展开了讨论，显然这是不完备的，容易产生局部最优而被否定的现象。为了克服该局限性，Tropp 提出具有完备描述的累加互相关性（cumulative mutual coherence，CMC），并提出了原始的基于累加互相关性的可重建条件，刘吉英[118]进一步提出了第二类累加互相关性可重构条件，将重构能力放宽到 $K=O(M/\log N)$，就可以 $1-O(1/N)$ 概率重建原信号，接下来就 RIP 性质与累加互相关理论做简要陈述。

2.4.1.1　RIP 性质与互相关性重建条件

通常将约束等距性质（RIP）作为信号重建条件的充分条件，是观测矩阵研究的重要内容。对于稀疏度 k 的 $M \times N$ 维矩阵 $\boldsymbol{\Phi}$，$1 \leqslant k \leqslant M$，Candès 和 Tao 定义 k 阶约束等距常数（k-restricted isometry constant，RIC）δ_k 为满足

$$(1-\delta_k) \| \boldsymbol{x} \|_2^2 \leqslant \| \boldsymbol{\Phi x} \|_2^2 \leqslant (1+\delta_k) \| \boldsymbol{x} \|_2^2 \qquad (2\text{-}23)$$

的最小常数，若 $k+k' \leqslant M$，则定义 k,k' 阶约束正交常数（k,k'-restricted orthogonality constant，ROC）$\theta_{k,k'}$ 为满足：

$$|\langle \boldsymbol{\Phi x}, \boldsymbol{\Phi x'} \rangle| \leqslant \theta_{k,k'} \| \boldsymbol{x} \|_2 \| \boldsymbol{x'} \|_2 \qquad (2\text{-}24)$$

的最小常数，其中 $\boldsymbol{x}$ 为 k-稀疏向量，$\boldsymbol{x'}$ 为 k'-稀疏向量，且满足 $sup(\boldsymbol{x}) \bigcap sup(\boldsymbol{x'}) = \phi$。许多文献利用 δ_k 和 $\theta_{k,k'}$ 展开分析研究，分别提出了不同的可重建条件，如表 2-1 所示，其中文献[156,157]是 $\ell_p, 0<p<1$ 的可重建条件。

表 2-1　　　　　　　　　　　　若干可重建条件

RIC 重构条件	提出者
$\delta_k + \theta_{k,k} + \theta_{k,2k} < 1$	Candès, Tao
$\delta_{2k} + \theta_{k,2k} < 1$	Candès, Tao
$\delta_{1.5k} + \theta_{k,1.5k} < 1$	Cai, Xu, Zhang
$\delta_{1.25k} + \theta_{k,1.25k} < 1$	Cai, Wang, Xu
$\delta_{3k} + 3\delta_{4k} < 2$	Candès, Romberg, Tao
$\delta_k < 0.307$	Cai, Wang, Xu
$\delta_{2k} < 1/3$	Cohen, Dahmen, DeVore
$\delta_{2k} < \sqrt{2} - 1$	Candès
$\delta_{2k} < 0.4679$	Foucart
$\delta_{bk} + b\delta_{(b+1)k} < b-1, b > 1$	Chartrand
$\delta_{ak} + b\delta_{(a+1)k} < b-1, b > 1, a = b^{p/(2-p)}$	Chartrand, Staneva

Cai 等[151] 提出了更为一般的 RIP 可重建条件：

$$\delta_{k+a} + \sqrt{\frac{k}{b}}\theta_{k+a,b} < 1 \tag{2-25}$$

其中 a, b 为满足 $a \leqslant b \leqslant 4a$ 的正整数，则最小 ℓ_1 范数解 $\hat{x}$ 与真实信号 x 之间的差满足：

$$\| \hat{x} - x \|_2 \leqslant \frac{1 - \delta_{k+a} + \theta_{k+a,b}}{1 - \delta_{k+a} - \sqrt{k/b}\theta_{k+a,b}}\frac{2}{\sqrt{b}} \| x - x_{\max(k)} \|_1 \tag{2-26}$$

其中令 $b = k, a = k/4$，则表 2-1 中 RIP 条件：$\delta_{1.25k} + \theta_{K,1.25k} < 1$ 是它的一个直接推论。除了最小 ℓ_1 范数稀疏重建外，Davies[158]，Trzasko[159] 和 Chartrand[156] 等研究了 $\ell_p, 0 < p < 1$ 的等距约束常数的理论上界。但是 ℓ_p 范数（$0 < p < 1$）算法的求解性能对参数选取非常敏感，且当 $p \to 0$ 时，容易陷入局部最优值，因此本书对于 $p < 0$ 的情况不做研究，只讨论 ℓ_1 范数的可重建条件。

S. G. Mallat 和 Z. Zhang[64] 定义了冗余字典矩阵互相关性：

$$\mu(\boldsymbol{\Psi}) = \max_{i \neq j} | \langle \boldsymbol{\Psi}_i, \boldsymbol{\Psi}_j \rangle | \tag{2-27}$$

其中 $\boldsymbol{\Psi}_i, \boldsymbol{\Psi}_j$ 为字典（矩阵）$\boldsymbol{\Psi}$ 的原子（列），不引起歧义的情况下，将 $\mu(\boldsymbol{\Psi})$ 简记为 μ 时验证条件计算复杂度较低。在无噪情况下，Donoho 和 Huo[146] 证明，互相关性为 μ 的观测矩阵可精确恢复稀疏度（2-28）的信号。

$$k < \frac{1}{2}\left(\frac{1}{\mu} + 1\right) \tag{2-28}$$

在有噪情况下，Donoho 等[149]证明了通过最小 l_1 范数可稳定重建稀疏度 $K \leqslant \frac{1}{4}\left(\frac{1}{\mu}+1\right)$ 的信号，更进一步，Cai 等[147,148]基于互相关性与 RIC，ROC 之间的关系

$$\delta_k \leqslant (k-1)\mu, \theta_{k,k'} \leqslant \sqrt{k \cdot k'}\mu \tag{2-29}$$

并推导了可重建条件和更小的重建误差理论上界，其结果比 Donoho 的要宽松，Tseng[149]通过证明指出最小 l_1 范数重建可精确恢复稀疏度满足

$$\mu(k-1) < \frac{1-\mu}{1+1/2\mu^2+\sqrt{1+\mu+1/4\mu^4}} \tag{2-30}$$

的稀疏信号。注：式(2-30)相当于 $k < \left(\frac{1}{2}-O(\mu)\right)\frac{1}{\mu}+1$，其中 $O(\mu)$ 表示 μ 的高阶小分量，因此式(2-28)表现的条件比式(2-30)稍微宽松。

T. T. Cai 等[147]进一步得出可稳定恢复稀疏度

$$k < \frac{2+2\mu}{(3+\sqrt{6})\mu} \tag{2-31}$$

的结论，该结果能恢复较大 k 值和更复杂的信号，且重建误差更小，结果优于文献[160]。

2.4.1.2　累加互相关性重建条件

通过 S. G. Mallat，Z. Zhang[64]互相关性的定义不难看出，它仅反映相关程度的极大值，容易陷入非全局最优性。J. A. Tropp[161]引入了累加互相关性来克服该缺点，对于字典 $\boldsymbol{\Phi}^{M\times N}$ 和正整数 k，k 阶累加互相关性定义为

$$\mu_{1,k}(\boldsymbol{\Phi}) = \max_{|\Omega|=k}\max_{\phi}\sum_{i\in\Omega}|\langle\phi,\phi_i\rangle| \tag{2-32}$$

其中 Ω 为指标集，ϕ_i 为根据 Ω 索引得到的原子，ϕ 为 $\boldsymbol{\Phi}\backslash\boldsymbol{\Phi}^{\mathrm{T}}=\{\phi_i,i\in\Omega\}$ 中的原子。

显然，由定义可知，累加互相关性与互相关性间存在如下关系：

$$\mu_{1,k} \leqslant k \cdot \mu \tag{2-33}$$

文献[42]在式(2-32)的基础上给出了新的稀疏重建条件：

$$\mu_{1,k-1}+\mu_{1,k} < 1 \tag{2-34}$$

若给定参数 $\beta < 1$，定义 $\phi_i \in \boldsymbol{\Phi}$，$i=1,\cdots,N$，且

$$\phi_i(t) = \begin{cases} 0 & 0 \leqslant t < i \\ \beta^{-i}\sqrt{1-\beta^2} & i \leqslant t \end{cases} \tag{2-35}$$

于是，该字典的互相关性为

$$\mu = \max_{i \neq j} |\langle \phi_i, \phi_j \rangle| = \max_{i \neq j} \beta^{|i-j|} = \beta \quad (2\text{-}36)$$

同时,从式(2-36)不难得到该字典的 k 阶累加互相关性满足

$$\mu_{1,k} < \frac{2\beta}{1-\beta} \quad (2\text{-}37)$$

若令 $\beta = 1/5$,式(2-37)只能恢复稀疏度 $k < 3$ 的信号;注意到 $\mu_{1,k}$ 的单调非减特性式(2-37)恒成立,$\mu_{1,k} < 1/2$,故可表示为式(2-38)的任意线性组合的信号,并均能恢复。

定理 2.2(证明见文献[118]):RIC 与 $\mu_{1,k}$ 之间存在如下关系

$$\delta_k \leqslant \mu_{1,k-1} + O_1 \quad (2\text{-}38)$$

其中 O_1 为与 $\mu_{1,k-1}$ 相比的较小量。

定理 2.3:ROC 与 $\mu_{1,k}$ 之间存在如下关系

$$\theta_{k,k'} \leqslant \sqrt{\frac{k'}{k}} \mu_{1,k} + O_2 \quad \text{或} \quad \theta_{k,k'} \leqslant \sqrt{\frac{k}{k'}} \mu_{1,k'} + O_2' \quad (2\text{-}39)$$

其中 O_2 为与 $\mu_{1,k}$ 相比的较小量,O_2' 为与 $\mu_{1,k'}$ 相比的较小量。

定理 2.4[151]:无噪信号精确重建:给定 $M \times N$ 观测矩阵(或)冗余字典 Φ,若其累加互相关性满足:

$$\mu_{1,k+a-1} + \sqrt{\frac{k}{k+a}} \mu_{1,k+a} < 1 \quad (2\text{-}40)$$

则 ℓ_1 范数最优化解 $\hat{x}$ 与真实信号 x 之间的差满足

$$\| \hat{x} - x \|_2 \leqslant \frac{2(1 - \mu_{1,k+a-1} + \sqrt{1/(k+a)} \mu_{1,K+a})}{1 - \mu_{1,k+a-1} - \sqrt{k/(k+a)} \mu_{1,K+a}} \| x - x_{\max(k)} \|_1 \quad (2\text{-}41)$$

其中 $x_{\max(k)}$ 为 x 的最佳 k 项逼近。

定理 2.5 含噪信号稳定重建:给定 $M \times N$ 观测矩阵(或)冗余字典 $\boldsymbol{\Phi}$,若其累加互相关性满足式(2-40),则求解式(2-24)的估计值 $\hat{x}$ 与真实信号 x 之间的差满足:

$$\| \hat{x} - x \|_2 \leqslant \frac{(1 + \sqrt{k}) \sqrt{1 + \mu_{1,k+a-1}}}{1 - \mu_{1,k+a-1} - \sqrt{k/(k+a)} \mu_{1,k+a}} \sigma$$

$$+ 2 \left(1 + \frac{\mu_{1,k+a} / \sqrt{k+a}}{1 - \mu_{1,k+a-1} - \sqrt{k/(k+a)} \mu_{1,k+a}} \right) \| x - x_{\max(k)} \|_1 \quad (2\text{-}42)$$

文献[151]对定理 2.4 和定理 2.5 进行了证明。

基于累加互相关性的重建条件可重建稀疏度 k 能与目前最优的基于 RIP 重建条件的重建稀疏度相当且计算复杂度较低。

对于给定 $\boldsymbol{\Phi}^{M \times N}$，其相关性的下界为[162] $\mu \geqslant \sqrt{\overline{N-M/(NM-M)}}$。因此，对于任意观测矩阵，基于 Donoho 的相关性的重建条件式(2-27)稀疏度 $k \leqslant O(\sqrt{M})$。另一方面，基于 RIP 的重建条件显示出，对于 Gaussian 或贝努利等某些特定随机观测矩阵，信号的稀疏度可以达到 $k = O(M/\log N)$，但它并不适用于一般的确定性矩阵[163]。

刘吉英[118]引入第二累加互相关性对 $k = O(M/\log N)$ 进行说明，对于给定 $M \times N$ 维字典 $\boldsymbol{\Phi}$ 和正整数 k，k 阶第二累加互相关性定义为：

$$\mu_{2,k}(\boldsymbol{\Phi}) = \max_{|\Omega|=k} \max_{\phi} \left| \sum_{i \in \Omega} \langle \phi, \phi_i \rangle \right| \tag{2-43}$$

式中，Ω 为指标集；ϕ_i 为根据 Ω 索引得到的原子；ϕ 为 $\boldsymbol{\Phi} \backslash \boldsymbol{\Phi}_\Omega = \{\phi_i, i \in \Omega\}$ 中的原子。

定理 2.6[118]　若 $\boldsymbol{\Phi}^{M \times N}$ 的各元素服从独立 $N(0, 1/M)$ 分布，则 $\boldsymbol{\Phi}$ 的第二累加互相关性可以 $1 - O(1/N)$ 的概率满足 $\mu_{2,k} \leqslant \sqrt{k\log N/M}$。

定理 2.7[118]　若 $M \times N$ 维观测矩阵 $\boldsymbol{\Phi}$ 的元素服从独立等概率(1/2)，取 $(+1/\sqrt{M}, -1/\sqrt{M})$ 的贝努利分布，则 $\boldsymbol{\Phi}$ 的第二累加互相关性可以以 $1 - O(1/N)$ 的概率满足 $\mu_{2,k} \leqslant \sqrt{k\log N/M}$。

2.4.2　常见观测矩阵

2.4.2.1　高斯类观测矩阵

（1）随机高斯矩阵

随机高斯矩阵是目前压缩感知领域信号观测研究中最常用的观测矩阵。其构造方法是生成一个 $M \times N$ 阶矩阵 $\boldsymbol{\Phi}^{M \times N}$，令 $\boldsymbol{\Phi}^{M \times N}$ 的所有元素满足 0 均值和方差为 $1/N$ 的高斯 I.I.D 分布，构造方法直接通过随机高斯分布函数产生。

即：

$$\phi_{i,j} \sim (0, 1/N) \tag{2-44}$$

（2）Toeplitz 矩阵

Toeplitz 矩阵因其具有伪随机性，通常用在随机信号产生方面，标准的 Toeplitz 又常被称常对角矩阵（diagonal-constant matrices，DCM）。2007 年 W.U.Bajwa 及 F.Sebert 等人证明了满足观测矩阵应具有的性质[70,71]。

Toeplitz 观测矩阵的生成比较简单，首先生成具有高斯分布的首行首列 $TV_{1,j}(j = 1, 2, \cdots, N)TH$ 和首列 $TH_{i,1}(i = 1, 2, \cdots, M)$，然后对将首行逐次向下向右移平移，首位空出的元素由生成的随机列中填补，基本过程如式(2-45)

所示：

$$T=\begin{bmatrix} TV_{1,1}, & TV_{1,2}, & \cdots & TV_{1,n} \\ TH_{1,2}, & TV_{1,1}, & \cdots & TV_{1,n-1} \\ \cdots & \cdots & \cdots & \cdots \\ TH_{1,m}, & TH_{1,m-1}, & \cdots & TV_{m-1,n} \end{bmatrix} \qquad (2-45)$$

（3）局部傅立叶矩阵

局部傅立叶矩阵是一种经常用来对时域信号进行稀疏表示的基，尤其对复数信号表现出优异性能。它可通过直接从 $N\times N$ 维傅立叶基矩阵中随机抽取 M 行构成，通常为了更好地表示信号稀疏，它还常被正交化。

2.4.2.2 贝努利类观测矩阵

高斯观测矩阵因最早被证明具有高概率满足信号重建的条件，被学者普遍接受并作为算法研究的主要观测矩阵。但高斯矩阵由于其随机性导致信号非线性重建复杂度大，而且耗用大量的存储空间，不适合应用于实际系统，因此矩阵研究人员一直试图通过各种方法发掘新的可替代的高效矩阵。贝努利类观测矩阵因其构成元素只有 0 和 1 或者 1，−1 元素，而矩阵元素满足高斯 I.I.D 分布，因此作为一种简化观测矩阵受到研究者的重视。

（1）随机对称符号矩阵

文献[69]已证明随机对称符号矩阵具有高概率且满足 RIP 性质。其构造方法是，先随机生成满足 I.I.D 分布的高斯矩阵，然后将矩阵中的元素置换成该元素对应的极性符号，即

$$\phi_{ij}=\begin{cases} +\dfrac{1}{\sqrt{n}}, & p=1/2 \\ -\dfrac{1}{\sqrt{n}}, & p=1/2 \end{cases} \qquad (2-46)$$

（2）随机二进制矩阵

随机二进制矩阵可以非常方面的由随机对称符号矩阵演化而来，只需要将随机对称符号矩阵中所有的 −1 置换成 0 即可。即：

$$\phi_{ij}=\begin{cases} 2/\sqrt{n}, & p=1/2 \\ 0, & p=1/2 \end{cases} \qquad (2-47)$$

显然这种矩阵具有随机对称符号矩阵的性质，但由于其单极性特征使得在某些稀疏观测性能方面不如双极性的随机对称符号矩阵。

（3）局部 Hadamard

Hadamard 矩阵是一种固定结构矩阵,矩阵的行列具有严格的正交特性,能产生近似最优子空间来解决信号空间问题[164],因此局部 Hadamard 矩阵自 1867 年由 J.Sylvester 提出以来,在工程领域尤其在通信领域得到了广泛应用,它最主要的特点是以±1 为元素,且任意两行相互正交,构建方法为:

$$\boldsymbol{H}_n = \frac{1}{\sqrt{2^n}} \begin{cases} \begin{bmatrix} H_{n-1} & H_{n-1} \\ H_{n-1} & -H_{n-1} \end{bmatrix}, n>1 \\ 1, \qquad\qquad n=1 \end{cases} \qquad (2\text{-}48)$$

式(3-30)通常被称作 n 阶 Hadamard 矩阵,满足 $\boldsymbol{HH}^{\mathrm{T}} = \boldsymbol{I}_n$。

(4) semi-Hadamard 矩阵

semi-Hadamard 矩阵也叫半哈达玛矩阵,它只保留 Hadamard 矩阵中的非负元素而将所有－1 置为 0 的矩阵,构造方法为:

$$\phi_{ij} = \begin{cases} 2/\sqrt{n} & h_{ij} = 1 \\ 0 & h_{ij} = -1 \end{cases} \qquad (2\text{-}49)$$

semi-Hadamard 矩阵简化了矩阵,而且具备 Hadamard 矩阵的结构化特征,便于设计实现,但因为其单极特性,同样存在随机二进制矩阵的缺点。

2.5　稀疏信号重建

2.5.1　信号重建理论

稀疏信号是观测精确重建的前提,根据数学理论,求解非线性方程的过程实际是穷举 $\boldsymbol{\Theta}$ 中非零值的所有 C_N^k 组合,然后从这些组合中挑选出最优的解,定义向量 $\boldsymbol{\Theta} = [\Theta_1, \Theta_2, \cdots, \Theta_N]$ 的 p 范数[12,13]为:

$$\| \boldsymbol{\Theta} \|_p = \left(\sum_{i=1}^{N} | \Theta_i |^p \right)^{\frac{1}{p}} \qquad (2\text{-}50)$$

则穷举 $\boldsymbol{\Theta}$ 的各种可能的非零值情况可通过 ℓ_0 范数方式表示为:

$$\min \| \boldsymbol{\Theta} \|_0 \quad \text{s.t.} \quad \boldsymbol{\Phi x} = \boldsymbol{y} \qquad (2\text{-}51)$$

式(2-51)通常被称作 ℓ_0 范数最优化问题,这是一个 NP 难的 C_N^k 组合问题。

下面从二维和三维几何空间中说明为什么可以用 $\ell_p (p \geqslant 1)$ 来近似完全替代 ℓ_0,将非凸问题转换成凸优化求解,降低计算复杂度。

二维空间中 $\boldsymbol{A\Theta} - \boldsymbol{y} = 0$ 为一条直线,ℓ_p 范数($p=0, 0.5, 1, 2$)在二维平面设计表现为受限的区域或者线,如图 2-3 所示:

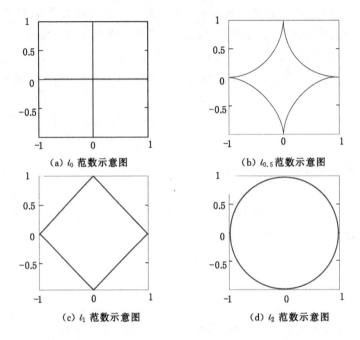

(a) l_0 范数示意图　　　　　　(b) $l_{0.5}$ 范数示意图

(c) l_1 范数示意图　　　　　　(d) l_2 范数示意图

图 2-3　二维空间中 l_p 范数($p=0,0.5,1,2$)l_2 范数示意图

由图 2-3 可知，l_0 范数限定在坐标轴上的"十字叉"，$l_{0.5}$ 范数则是四点交于坐标轴的"凹十字"，l_1 范数是旋转 45°后的正方形，l_2 范数则是一个单位圆。对于稀疏支撑 $k=1$ 的二维问题，方程 $A\boldsymbol{\Theta}-y=0$ 用 $\min\|\boldsymbol{\Theta}\|_p$ 进行约束时，等同于直线 $A\boldsymbol{\Theta}-y=0$ 与 $\min\|\boldsymbol{\Theta}\|_p$ 相切的过程，当交点落在坐标轴上时，可得有稀疏解。从图 2-3 中不难看出，l_0 与方程的交点必然位于坐标轴上，因此稀疏解为 1；当直线 $A\boldsymbol{\Theta}-y=0$ 与相切时，切点也位于坐标轴上（除非 $A\boldsymbol{\Theta}-y=0$ 的斜率为±1），因此，它也可获得稀疏解；而 l_2 为圆形，当直线 $A\boldsymbol{\Theta}-y=0$ 与它相切时，由于 $\boldsymbol{\Phi}$ 与 $\boldsymbol{\Psi}$ 满足不相干性，切点不可能落在坐标轴上。因此，它的最终解必将是非稀疏的。通过上述分析容易得出，二维空间中 l_1 和 l_0 具有相同的稀疏解。

同理，在三维空间中，l_0，l_1 和 l_2 范数最优解如图 2-4(a)～图 2-4(c)所示：

由图 2-4 可知，l_0 最优解、l_1 最优解和 l_2 最优解的图形分别为相互正交的坐标平面、三维菱形和和圆球，而方程 $A\boldsymbol{\Theta}-y=0$ 在三维空间降维，最稀疏时退化成一条直线，当有 2 个稀疏支撑时，退化成一个平面。图 2-4 中给出与一个平面相切的情况，若该平面和图中立体图形的边界交点落于坐标轴上，具有稀

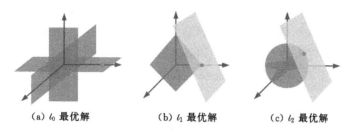

(a) l_0 最优解　　　　　　(b) l_1 最优解　　　　　　(c) l_2 最优解

图 2-4　三维空间中 $l_0/l_1/l_2$ 范数示意图

疏性。显然，l_1 和 l_0 最优具有极大概率的相同稀疏解。相似地，在高维空间上，则 l_p 范数（$p>1$）的外边界均呈现超空间的凸形（convex），l_p 范数（$0<p<1$）的外边界均呈现超空间的凹形（concave），而 l_1 范数的外边界则呈现超空间的菱形。在稀疏求解过程中，l_1 范数最优化求解与 l_p 范数（$0<p<1$）可获得相同的稀疏解。

通过以上分析可以得出，l_0 范数问题可由最小 l_p 范数模型替代，穷尽组合问题的最优解过程可以转化为：

$$\min \ \| \boldsymbol{\Theta} \|_p \ \text{subject to} \ \boldsymbol{\Phi}x = y \tag{2-52}$$

式中，$p \in [1, \infty]$，通常只考虑 $p=1,2$ 的情况，事实上，Donoho 给出了相关证明。目前相关研究主要集中于在贪婪算法和最优化方法两方面。

2.5.2　稀疏重建算法

2.5.2.1　贪婪算法

贪婪算法是 Candès 在对 Donoho 求解最优化问题上加入了先验迭代条件，确保快速收敛的一类算法，后来不少学者对其进行了改进，提出了基于贪婪思想的系列算法，其中最著名的就是正交匹配追踪[92]算法（OMP）加约束求取最稀疏解。常用的重建方法主要为贪婪算法，代表性的有 MP[118] 算法、OMP[92] 算法及改进算法[93-107]。贪婪算法虽然重建速度较基追踪算法重建速度快，但优化重建效果相对较差，所需观测数也较多，综合重建效率不高。

（1）匹配追踪（MP）算法

Mallat 等人 1993 年提出了匹配追踪算法最基础的稀疏重建算法，也是贪婪算法的典型代表。在压缩观测信号重建过程中，信号重建的目的就是在 A 上寻找最稀疏的解（当信号为直接观测时，这里的 $\boldsymbol{A}=\boldsymbol{\Phi}$，当信号在稀疏域 $\boldsymbol{\Psi}$ 上投影成系数 $\boldsymbol{\Theta}$，则 $\boldsymbol{A}=\boldsymbol{\Phi}\boldsymbol{\Psi}$）。

该算法每次从备选原子库挑选出与当前残差最相关的原子作为重建备选原子库的成员,使观测信号与残差在备选原子库上的投影逐步减小,然后继续在更新后的 **A** 中选择与新残差值最匹配的列向量,通过若干次循环达到退出条件,此时的后备原子库即为选择的最优稀疏表示。表 2-2 描述了其求解过程。

表 2-2　匹配追踪算法流程

匹配追踪算法[93]

输入:重建矩阵 A,信号稀疏度 k,线性观测值 y,

  Step1:初始化:$r_0=y$,$\Gamma_0=\varphi$,$t=1$,t 表示迭代次数。

While $t<ck$

  Step2:寻找索引 Γ_t,使得:$\Gamma_t=\arg\max\limits_{j=1,2,\cdots,d}|\langle r_{t-1},\boldsymbol{\Theta}_{(1,2,\cdots,N)\backslash\Gamma_{t-1}}\rangle|$,($\Gamma_t$ 表示第 t 次迭代的索引

   集合);

  Step3:计算新的近似 x_t 和残差 r_t:$x_t=\langle r_{t-1},\Theta_{\Gamma_t}\rangle$,$r_t=r_{t-1}-x_t$;

  Step4:$t=t+1$,如果 $t>ck$ 或 r_t 满足预设的误差要求,令 $\hat{x}=x_t$,$r=r_t$,输出 $\hat{x}$,r,否则返回

   step2。

输出:x 的 k 稀疏逼近 $\hat{x}$,残差 r。

(2) 正交匹配追踪(OMP)算法

正交匹配追踪[92](orthogonal matching pursuit,OMP)算法的基本原理与匹配追踪算法相同,以贪婪迭代法选取字典中与残差最相关的列向量,并从被测量中减去相关部分。OMP 与 MP 算法区别在于:在每次迭代过程中,通过对所有选择的列向量正交化以后再对信号进行估计。OMP 算法流程如表 2-3 所示。

表 2-3　正交匹配追踪算法流程

正交匹配追踪算法[109]

输入:重建矩阵 A,信号稀疏度 k,线性观测值 y

  Step1:初始化:$r_0=y$,$\Gamma_0=\phi$,$t=1$(t 表示迭代的次数);

While $t<ck$

  Step2:找到索引 λ_t,使得:$\lambda_t=\arg\max\limits_{j=1,2,\cdots,d}|\langle r_{t-1},\boldsymbol{A}_{(1,2,\cdots,N)-\Gamma_{t-1}}\rangle|$;

  Step3:更新索引集 $\Gamma_t=\Gamma_{t-1}\bigcup\{\lambda_t\}$ 及原子集合 $\boldsymbol{A}_{\Gamma_t}=\boldsymbol{A}_{\Gamma_{t-1}}\bigcup\{\varphi_{\lambda_t}\}$;

  Step4:利用最小二乘求得近似解 $\boldsymbol{x}_t=(\boldsymbol{A}_{\Gamma_t}^T\boldsymbol{A}_{A_t})^{-1}\boldsymbol{A}_{\Gamma_t}^T y$;

  Step5:利用新的残差 $r_t=\boldsymbol{y}-\boldsymbol{A}_{\Gamma_t}\boldsymbol{x}_t$;

  Step6:$t=t+1$,如果 $t>k$ 或 r_t 满足预设的误差要求,令 $\hat{\boldsymbol{x}}=\boldsymbol{x}_t$,$r=r_t$,输出 $\hat{\boldsymbol{x}}$,r,否则返回 step2。

输出:$\boldsymbol{x}$ 的 k 稀疏逼近 $\hat{\boldsymbol{x}}$,残差 r。

（3）其他贪婪算法

自 OMP 在 MP 的基础上被正式提出以来，得到广大学者尤其是初学者的喜爱，许多热衷于算法研究的学者在 OMP 的基础上进行了大量改进研究，其中比较常用的有稀疏自适应匹配追踪分段匹配追踪（stagewise OMP，StOMP）[99,108]等，这些改进算法大都针对原子的优化选择问题进行改进，逐渐从单原子挑选变为多原子挑选，以达到加快收敛的目的，但基本算法思想基本和 OMP 保持一致。

这里简单介绍 StOMP 基本原理。MP 和 OMP 都是以单原子选择为目标的，即每次只从原子库中挑选一个最优的原子参与运算，但 StOMP 算法通过设置一个门限参数来一次性地选入多个符合条件的原子，然后再通过不断优化门限排除掉冗余备选原子，以达到保留最优原子的目的。StOMP 算法如表 2-4 所示：

表 2-4 StOMP 算法流程

StOMP 算法基本流程

输入：重建矩阵 A，线性观测值 y，信号稀疏度 k。

 Step1：初始化：$r_0 = y$，$\Gamma_0 = \phi$，$t = 1$；

While $t < ck$

 Step2：计算 $c_t = A_{(1,2,\cdots,N)-\Gamma_{t-1}}^T r_{t-1} = \langle A_{(1,2,\cdots,N)-\Gamma_{t-1}}, r_{t-1} \rangle$；

 Step3：通过阈值选入冗余原子：$J_t = \{j; |c_t(j)| > g_t\sigma_t\}$；

 Step4：更新支撑估计：$\Gamma_t = \Gamma_{t-1} \bigcup J_t$，在支撑 Λ_t 上得到新的逼近 x_t，为 $x_t = (A_{\Gamma_t}^T A_{\Gamma_t})^{-1} \Theta_{\Gamma_t}^T y$，其中 A_Γ 表示 A 中仅取支撑 Γ 对应列构成的新矩阵；

 Step5：更新残差 r_t，$r_t = y - A_{\Gamma_t} x_t$；

 Step6：检查终止条件，若不满足终止条件，令 t=t+1，返回步骤（2），若不满足终止条件，令 $\hat{x} = \hat{x}_t$，$r = r_t$，输出 $\hat{x}$，r。

输出：x 的 k 稀疏逼近 $\hat{x}$，残差 r。

在 OMP 基础上发展起来的 StOMP 算法利用多原子选择策略，使得算法上比 OMP 有所提升，但这个多原子策略也会带来选入局部最优的风险，因此其重建误差略大于 OMP 算法。

总体来说基于分段思想的多原子选择策略在 OMP 基础上提供了更准确的理论和更快的运算速度，但它们基于贪婪的根源决定了它们仍然无法摆脱比凸优化重建需要更多观测和更大存储空间的问题。

2.5.2.2 凸优化方法

Candès 等人证明了求解 l_0 可以获得最佳稀疏解，但 Donoho 指出求解 l_0

是个复杂组合求解问题,几乎不可实现,因此他提出了将l_0等价为l_1求解的凸优化方法,并对此进行了证明[45]。

因为l_1范数具有凸的特性,因此可以直接利用线性规划(LP)对其求解,这类算法被称作基追踪(BP)[80],它的特点在于通过少量的观测就可以精确重建原信号,但其计算复杂度为$O(N^3)$[66],不含噪声的情况下,基追踪求解模型为:

$$\min \| \boldsymbol{\varPsi}^\mathrm{T} \boldsymbol{x} \|_1, \text{ s. t. } \boldsymbol{\varPhi x} = \boldsymbol{y} \tag{2-53}$$

考虑到噪声因素,在规范重建误差的情况下,上述问题转化为:

$$\min \| \boldsymbol{\varPsi}^\mathrm{T} \boldsymbol{x} \|_1, \text{ s. t. } \| \boldsymbol{\varPhi x} - \boldsymbol{y} \| < \varepsilon \tag{2-54}$$

式中,ε为约束阈值,通常用来衡量噪声大小,二阶圆锥规划通常能很好地求解这类问题。此外,对于式(2-53)和式(2-54)这类基追踪约束优化问题也可以用梯度投影法[156]、内点法[165]以及同伦算子法[90]等方法求解。

(1)最小l_1范数算法

给定压缩观测矩阵$\boldsymbol{\varPhi}$,稀疏表示基$\boldsymbol{\varPsi}$和稀疏观测$\boldsymbol{y}$,可以通过求解如下l_1最优化问题实现对信号的重建[12]。

$$\min_{\boldsymbol{\varTheta}} \| \boldsymbol{\varTheta} \|_1, \text{ s. t. } \boldsymbol{y} = \boldsymbol{A\varTheta} \tag{2-55}$$

实际线性观测中,一定会引入噪声,假定引入零均值高斯噪声,则式(2-55)可以改写为:

$$\min_{\boldsymbol{\varTheta}} \| \boldsymbol{\varTheta} \|_1 \text{ s. t. } \| \boldsymbol{A}^a \boldsymbol{\varTheta} - \boldsymbol{y} \|_2 \leqslant \varepsilon \tag{2-56}$$

其中$\boldsymbol{A}^a = \boldsymbol{\varPsi \varPhi}$,是观测矩阵与稀疏基的组合,为表述方便,简记$\boldsymbol{A}^a$为$\boldsymbol{A}$;$\boldsymbol{\varTheta}$表示原信号在稀疏基上的投影稀疏,它是一个稀疏向量。式(2-56)可以被转换为线性规划(linear programming,LP)问题,该问题通常利用梯度投影法(gradient projection for sparse reconstruction,GPSR)[85]进行求解。用线性规划理论,式(2-56)可以用一个加权的罚函数等式进行描述:

$$\min_{\boldsymbol{\varTheta}} \frac{1}{2} \| \boldsymbol{y} - \boldsymbol{A\varTheta} \|_2^2 + \tau \| \boldsymbol{\varTheta} \|_1 \tag{2-57}$$

式中,$\boldsymbol{\varTheta} \in \boldsymbol{R}^M, \boldsymbol{y} \in \boldsymbol{R}^k, \boldsymbol{A}$为$k \times M$矩阵,$\tau \geqslant 0$,为常数,$\| \cdot \|_2$表示欧氏范数,且有:$\| \boldsymbol{x} \|_1 = \sum_i | x_i |$,表示$x$的$l_1$范数。通常,观测值可写成:

$$\boldsymbol{y} = \boldsymbol{A\varTheta} + \varepsilon \tag{2-58}$$

其中,ε是一个方差为σ^2的高斯阈值。

GPSR算法不需要明确计算观测矩阵$\boldsymbol{A}$,而只需计算$\langle \boldsymbol{A}, \boldsymbol{A}^\mathrm{T} \rangle$,算法每次迭代搜索的路径可以通过负梯度投影方向得到。

GPSR需要将公式(2-57)表示为二次方程,将变量分成正负两部分,引入

矢量 $\boldsymbol{u}$ 和 $\boldsymbol{v}$,有:

$$\boldsymbol{\Theta}=\boldsymbol{u}-\boldsymbol{v}, \boldsymbol{u}\geqslant 0, \boldsymbol{v}\geqslant 0 \qquad (2\text{-}59)$$

$u_i=(x_i)_+, v_i=(-x_i)_+, i=1,2,\cdots M$,其中,$(\bullet)_+$ 代表正部分操作因子,定义 $(\boldsymbol{\Theta})_+=\max\{0,\boldsymbol{\Theta}\}$,因此有 $\parallel \boldsymbol{\Theta} \parallel_1=\boldsymbol{1}_M^{\mathrm{T}}\boldsymbol{u}+\boldsymbol{1}_M^{\mathrm{T}}\boldsymbol{v}$ 其中 $\boldsymbol{1}_M=[1,1,\cdots,1]^{\mathrm{T}}$ 是包含 M 个 1 的矢量。公式(2-59)可进一步写成边界受限的二次方程(BCQP):

$$\min_{u,v}\frac{1}{2}\parallel \boldsymbol{y}-\boldsymbol{A}(\boldsymbol{u}-\boldsymbol{v}) \parallel_2^2+\tau\boldsymbol{1}_M^{\mathrm{T}}\boldsymbol{u}+\tau\boldsymbol{1}_M^{\mathrm{T}}\boldsymbol{v} \qquad (2\text{-}60)$$

其中 $\boldsymbol{u}\geqslant 0, \boldsymbol{v}\geqslant 0$。如果设置 $\boldsymbol{u}\leftarrow\boldsymbol{u}+\boldsymbol{s}, \boldsymbol{v}\leftarrow\boldsymbol{v}+\boldsymbol{s}, \boldsymbol{s}\geqslant 0$ 为偏移矢量,则 ℓ_2 范数不受影响,但它增加了多余项 $2\tau\boldsymbol{1}_M^{\mathrm{T}}\boldsymbol{s}\geqslant 0$。为使得 $u_i=(x_i)_+, v_i=(-x_i)_+$,对所有 $i=1,2,\cdots,M$ 都成立,式(2-60)的解为 $u_i=0$ 或 $v_i=0$,将式(2-57)再次改写为更标准的 BCQP 形式:

$$\min_{\Omega}\boldsymbol{c}^{\mathrm{T}}\boldsymbol{\Omega}+\frac{1}{2}\boldsymbol{\Omega}^{\mathrm{T}}\boldsymbol{B}\boldsymbol{\Omega}\equiv F(\boldsymbol{\Omega}), \boldsymbol{\Omega}\geqslant 0 \qquad (2\text{-}61)$$

式中,$\boldsymbol{\Omega}=\begin{bmatrix}\boldsymbol{u}\\\boldsymbol{v}\end{bmatrix}, \boldsymbol{b}=\boldsymbol{A}^{\mathrm{T}}\boldsymbol{y}, \boldsymbol{c}=\tau\boldsymbol{1}_{2M}+\begin{bmatrix}-\boldsymbol{b}\\\boldsymbol{b}\end{bmatrix}$,且

$$\boldsymbol{B}=\begin{bmatrix}\boldsymbol{A}^{\mathrm{T}}\boldsymbol{A} & -\boldsymbol{A}^{\mathrm{T}}\boldsymbol{A}\\-\boldsymbol{A}^{\mathrm{T}}\boldsymbol{A} & \boldsymbol{A}^{\mathrm{T}}\boldsymbol{A}\end{bmatrix} \qquad (2\text{-}62)$$

问题(2-62)的维数显然增加了 1 倍,$\boldsymbol{\Theta}\in\mathbf{R}^M, \boldsymbol{\Omega}\in\mathbf{R}^{2M}$。因为 $\boldsymbol{B}\boldsymbol{\Omega}=\boldsymbol{B}\begin{bmatrix}\boldsymbol{u}\\\boldsymbol{v}\end{bmatrix}=\begin{bmatrix}\boldsymbol{A}^{\mathrm{T}}\boldsymbol{A}(\boldsymbol{u}-\boldsymbol{v})\\-\boldsymbol{A}^{\mathrm{T}}\boldsymbol{A}(\boldsymbol{u}-\boldsymbol{v})\end{bmatrix}$,显然 $\boldsymbol{B}\boldsymbol{\Omega}$ 可通过先计算矢量差 $\boldsymbol{u}-\boldsymbol{v}$,后乘以 $\boldsymbol{A}$ 和 $\boldsymbol{A}^{\mathrm{T}}$ 完成。

由于(2-61)中目标函数的梯度为 $\nabla F(\boldsymbol{\Omega})=\boldsymbol{c}+\boldsymbol{B}\boldsymbol{\Omega}$,因此计算 $\nabla F(\boldsymbol{\Omega})$ 时需要乘以 $\boldsymbol{A}$ 和 $\boldsymbol{A}^{\mathrm{T}}$,而 $\boldsymbol{c}$ 的计算,完全由 $\boldsymbol{b}=\boldsymbol{A}^{\mathrm{T}}\boldsymbol{y}$ 决定,在初始化时就完成。求解式(2-61)时,先求解标量参数 $\eta^k>0$,且设

$$w^k=(\Omega^k-\eta^k\nabla F(\Omega^k))_+ \qquad (2\text{-}63)$$

再考虑第 k 次到第 $k+1$ 次迭代过程,然后选择第二个标量 $\lambda, \lambda^k\in[0,1]$,且设

$$\Omega^{k+1}=\Omega^k+\eta^k(w^k-\Omega^k) \qquad (2\text{-}64)$$

η^k 和 λ^k 的选取过程如下:

在迭代 Ω^k 中,沿着 $-\nabla F(\Omega^k)$ 搜索,定义矢量 g^k 为:

$$g_i^k=\begin{cases}(\nabla F(\Omega^k))_i, & \Omega_i^k>0\\0, & \text{else}\end{cases}$$

设初始猜测值为 $\eta^0=\arg\min_{\eta}F(\Omega^k-\eta g^k)$,也可根据式(2-65)精确计算得到。

$$\eta^0 = \frac{(g^k)^{\mathrm{T}} g^k}{(g^k)^{\mathrm{T}} B g^k} \tag{2-65}$$

为防止 η^0 过小或过大,将它限制在区间 $[\eta_{\min}, \eta_{\max}]$ 内。

根据以上讨论,整理出 GPSR 的算法流程如表 2-5 所示.

表 2-5　GPSR 算法流程

GPSR 算法
输入:初始变量 Ω^0,观测值 y
(1) 初始化 Ω^0,设置参数 $\beta \in (0,1)$,$u \in (0,1/2)$,令 $k=0$;
(2) 利用式(2-65)得到 η^0,取中值 $\mathrm{mid}(\eta_{\min}, \eta^0, \eta_{\max})$ 确保 η^0 在 $[\eta_{\min}, \eta_{\max}]$ 内;
(3) 将 η^k 取代序列 $\eta^0, \beta\eta^0, \beta^2\eta^0, \cdots$ 中的第一个元素,以满足 $F((\Omega^k - \eta^k \nabla F(\Omega^k))_+) \leqslant F(\Omega^k) - u \nabla F(\Omega^k)^T((\Omega^k - \eta^k \nabla F(\Omega^k))_+)$,进一步设: $\Omega^{k+1} = (\Omega^k - \eta^k \nabla F(\Omega^k))_+$;
(4) 判断 Ω^{k+1} 是否满足终止条件,满足则退出;否则,$k \leftarrow k+1$,返(2)。
输出:重建系数矩阵 Ω。

(2) 稀疏 Bayesian 算法

稀疏 Bayesian 算法认为信号的系数是相互独立的,并服从某种分布(如高斯分布),通过利用分布参数来控制解的稀疏性[166]

对于式(2-56),稀疏 Bayesian 算法将系数 Θ 的先验分布用高斯分布表示:

$$p_{\Theta}(\Theta, \gamma) = \prod_{i=0}^{N-1} (\pi \gamma_i)^{-1} \exp\left(-\frac{\Theta_i^* \Theta_i}{\gamma_i}\right) \tag{2-66}$$

式中,$\gamma = [\gamma_0, \gamma_1, \cdots, \gamma_{N-1}]^{\mathrm{T}} \in \mathbf{R}^N$ 为控制 Θ 先验方差的一个矢量。

假定 n 的方差为 σ^2,则其概率分布满足:

$$p_n(\boldsymbol{n}) = k_n \exp\left(-\frac{\|\boldsymbol{n}\|_2^2}{\sigma^2}\right) \tag{2-67}$$

式中,k_n 为归一化系数。若 Θ 的高斯似然分布为:

$$p_{y|\Theta} = (\pi \sigma^2)^{-N} \exp\left(-\frac{\|y - A\Theta\|_2^2}{\sigma^2}\right) \tag{2-68}$$

则 Θ 的后验概率分布为

$$p_{\Theta|y}(\Theta \mid y; \gamma) = p_{y|\Theta}(y \mid \Theta) p_{\Theta}(\Theta; g) \sim N\left(m_{\Theta}, \sum\nolimits_{\Theta}\right) \tag{2-69}$$

其中,均值矢量 $\mu_{\Theta} = \sigma^2 \sum_{\Theta} A^H y$,协方差矩阵 $\sum_{\Theta} = (\boldsymbol{\Gamma}^{-1} + \sigma^{-2} A^H A^{-1})$。

如果能够通过观测值确定稀疏先验分布式(2-66)中的矢量 γ,则可以由 Bayesian 方法求解 Θ 的最大后验概率:

$$\boldsymbol{\Theta} = \mu_{\Theta} = (\sigma^2 \boldsymbol{\Gamma}^{-1} + A^H A^{-1}) A^H y \tag{2-70}$$

由式(2-70)可以看出，观测噪声方差 σ^2 为正则化参数。

以矢量 $\boldsymbol{\gamma}$ 为未知参数的观测值概率分布表示为：

$$p(\boldsymbol{y};\boldsymbol{\gamma}) = \int p_{\boldsymbol{\Theta}|y}(\boldsymbol{\Theta} \mid \boldsymbol{y};\boldsymbol{\gamma})\mathrm{d}\boldsymbol{\Theta} = k \mid \sum_y \mid^{-\frac{1}{2}} \exp\left(-\frac{1}{2}\boldsymbol{y}^H \sum_y^{-1} \boldsymbol{y}\right)$$

$$(2\text{-}71)$$

式中，$k > 0$ 为常数；$\sum_y = \sigma^2 I + A\boldsymbol{\Gamma}A^H$ 为观测矢量 $\boldsymbol{\gamma}$ 的协方差矩阵。

而利用最大似然估计求解矢量 $\boldsymbol{\gamma}$ 等价于最小化函数 $-\log p(\boldsymbol{y};\boldsymbol{\gamma})$，于是得稀疏 Bayesian 方法的代价函数：

$$L(\boldsymbol{\gamma}) = \log \mid \sum_y \mid + \boldsymbol{s}^H \sum_y^{-1} \boldsymbol{y}$$

$$(2\text{-}72)$$

用 EM 算法求公式(2-72)可得 $\gamma_i^{(k+1)} \boldsymbol{\gamma}$ 和 $(\hat{\sigma}^2)^{(k+1)}$：

$$\gamma_i^{(k+1)} = \mid \mu_i^{(k)} \mid^2 + \left[\sum_{\Theta^{(k)}}\right]_{i,i} = \mid \boldsymbol{\Theta}_i^{(k)} \mid^2 + \left[(\boldsymbol{\Gamma}_k^{-1} + \sigma^2 A^H A^{-1})^{-1}\right]_{i,i}$$

$$(2\text{-}73)$$

$$i = 0, 1, \cdots, M-1$$

$$(\hat{\sigma}^2)^{(k+1)} = \frac{\parallel \boldsymbol{y} - A\boldsymbol{\Theta}^{(k)} \parallel_{l_2}^2}{N - \sum_{i=0}^{M-1} \gamma_i^{(k)}}$$

$$(2\text{-}74)$$

式(2-74)的收敛速度较慢，可以对 $L(\boldsymbol{\gamma})$ 求导为零，得方程 $\mathrm{d}L(\boldsymbol{\gamma})/\mathrm{d}\gamma = 0$，通过求解方程得收敛更快的 $\gamma_i^{(k+1)}$：

$$\gamma_i^{(k+1)} = \frac{\mid \mu_i^{(k)} \mid^2}{1 - \left[\sum_{\Theta^{(k)}}\right]_{i,i}/\gamma_i^{(k)}} = \frac{\mid \Theta_i^{(k)} \mid^2}{1 - \left[(\boldsymbol{\Gamma}_k^{-1} + \sigma^2 A^H A^{-1})^{-1}\right]_{i,i}/\gamma_i^{(k)}} \quad (2\text{-}75)$$

$$i = 1 \sim M-1$$

（3）平滑 l_0 算法（SL0）

由于 l_0 的非光滑性或称作非凸性，使得它的优化求解尤为困难，为克服这个问题 Mohimani 等人提出利用高斯函数族 $f_\sigma(\alpha)\triangleq\exp(-\alpha^2/2\sigma^2)$ 对其进行逼近，然后利用最速下降法求解，从而得到 l_0 的最优解[87,167]。

考虑一个单变量函数族：

$$f_\sigma(\boldsymbol{\Theta})\triangleq\exp(-\boldsymbol{\Theta}^2/2\sigma^2)$$

$$(2\text{-}76)$$

并注意到

$$\lim_{\sigma\to 0} f_\sigma(\boldsymbol{\Theta}) = \begin{cases} 1; & \boldsymbol{\Theta}=0 \\ 0; & \boldsymbol{\Theta}=1 \end{cases}$$

$$(2\text{-}77)$$

或近似为

$$f_\sigma(s) \approx \begin{cases} 1, & |s| \ll \sigma \\ 0, & |s| \gg \sigma \end{cases} \tag{2-78}$$

于是定义

$$F_\sigma(\boldsymbol{\Theta}) = \sum_{i=1}^{M} f_\sigma(\boldsymbol{\Theta}_i) \tag{2-79}$$

根据式(2-77)和式(2-78)，当 σ 很小时，有 $\|\Theta\|_0 \approx M - F_\sigma(\boldsymbol{\Theta})$。因此在满足 $y = A\boldsymbol{\Theta}$ 的条件下，选取一个非常小的 σ，通过最大化 $F(\boldsymbol{\Theta})$ 来求 l_0 范数解。而 σ 的值决定了函数 F_σ 的平滑度：σ 越小 F_σ 的状态越接近 l_0 范数，σ 越大 F_σ 越光滑，但对 l_0 范数的近似效果越差。

注意对于一个取值很小的 σ，F_σ 是高度不光滑的，会出现许多的局部最大值，这意味着容易陷入局部最优而无法找到全局最优。反过来，对于大的 σ，F_σ 更加光滑，具有凸特性，仅仅包含很少的局部最大值，因此，更容易得到它的全局最优解，SL0 的算法流程如表 2-6 所示。

表 2-6　SL0 的算法流程

SL0 算法[182]
(1) 初始化：
① 令 $\boldsymbol{\Theta}^{(0)} = A^\dagger y$，$A^\dagger$ 为 A 的广义逆
② 设置 σ 为递减序列 $[\sigma_1, \sigma_2, \cdots, \sigma_j]$，一般 $\sigma_1 = (2 \sim 4) \cdot \max(|\Theta_i|^{(0)})$，$\sigma_j = c\sigma_{j-1}$，$j \geq 2$，通常 c 选为 $[0.5, 1]$
(2) 外部循环 $j = 1 \sim J$
① 令 $\sigma = \sigma_j$
② $\boldsymbol{\Theta} = \hat{\boldsymbol{\Theta}}_{j-1}$
③ 内部循环 L 次，$l = 1 \sim L$
a. $\delta \triangleq [\Theta_1 \exp(-\Theta_1^2/2\sigma^2), \Theta_2 \exp(-\Theta_2^2/2\sigma^2), \cdots, \Theta_n \exp(-\Theta_n^2/2\sigma^2)]^{\mathrm{T}}$
b. $\boldsymbol{\Theta} \leftarrow \boldsymbol{\Theta} - \mu\delta$，其中 μ 为小的正常数
c. $\boldsymbol{\Theta} \leftarrow \boldsymbol{\Theta} - A^{\mathrm{T}}(AA^{\mathrm{T}})^{-1}(A\boldsymbol{\Theta} - y)$
④ $\hat{\boldsymbol{\Theta}}_j = \boldsymbol{\Theta}$
(3) $\hat{\boldsymbol{\Theta}} = \hat{\boldsymbol{\Theta}}_J$
输出：$\hat{\boldsymbol{\Theta}}$

(4) Bregman 正则迭代法

求解 TV 最小化问题的 Bregman 迭代算法在 l_1 范数的稀疏表示问题上得到成功应用，提高了此类问题的重建效果，Bregman 迭代最初用于全变分模型[141]：

$$\boldsymbol{\Theta} = \underset{\boldsymbol{\Theta}}{\operatorname{argmin}} \lambda \int |\nabla\boldsymbol{\Theta}| + \frac{1}{2} \|x - A\boldsymbol{\Theta}\|_2^2 \tag{2-80}$$

其中全变分函数：

$$J(\boldsymbol{\Theta}) = \lambda TV(\boldsymbol{\Theta}) = \lambda \int |\nabla \boldsymbol{\Theta}| \qquad (2\text{-}81)$$

设凸函数 $J(\boldsymbol{\Theta})$，在点 u 和 ν 之间的 Bregman 距离可定义为：

$$D_J^p(\boldsymbol{u},\boldsymbol{v}) = J(\boldsymbol{u}) - J(\boldsymbol{v}) - \langle p, \boldsymbol{u} - \boldsymbol{v} \rangle \qquad (2\text{-}82)$$

其中 $p \in \partial J(\boldsymbol{v})$ 是在点 ν 处的导数，由于 $D_J^p(\boldsymbol{u},\boldsymbol{v}) \neq D_J^p(\boldsymbol{v},\boldsymbol{u})$，式(2-32)定义的距离表示点 $\boldsymbol{u}$ 和 $\boldsymbol{v}$ 间的接近程度，如：$D_J^p(\boldsymbol{u},\boldsymbol{v}) \neq D_J^p(\boldsymbol{v},\boldsymbol{w})$ 其中的 $\boldsymbol{w}$ 可表示连接 $\boldsymbol{u}$ 和 $\boldsymbol{v}$ 的线段内的所有点 $\boldsymbol{w}$。公式(2-82)的求解，并不能通过一次迭代过程求解，其 Bregman 迭代方法包含一系列凸问题的迭代过程[91,166]：

$$\boldsymbol{\Theta}^{k+1} \leftarrow \min_{\boldsymbol{\Theta}} D_J^{p^k}(\boldsymbol{\Theta},\boldsymbol{\Theta}^k) + \frac{1}{2} \parallel \boldsymbol{x} - \boldsymbol{A}\boldsymbol{\Theta} \parallel_2^2 \qquad (2\text{-}83)$$

Bregman 迭代的算法流程如表 2-7 所示。

表 2-7　Bregman 迭代算法

Bregman 迭代正则化方法[91]
(1) 初始化：$k=0, \boldsymbol{u}^0=0, \boldsymbol{v}^0=0, H(\boldsymbol{\Theta})=\dfrac{1}{2} \parallel \boldsymbol{x} - \boldsymbol{A}\boldsymbol{\Theta} \parallel_2^2$
(2) while $k < Iters$
① $\boldsymbol{\Theta}^{k+1} \leftarrow \min_{\boldsymbol{\Theta}} D_J^{p^k}(\boldsymbol{\Theta},\boldsymbol{\Theta}^k) + H(\boldsymbol{\Theta})$
② $p^{k+1} \leftarrow p^k - \nabla H(\boldsymbol{\Theta}) \in \partial J(\boldsymbol{\Theta}^{k+1})$
③ $D_J^{p^{k+1}}(\boldsymbol{\Theta},\boldsymbol{\Theta}^{k+1}) = J(\boldsymbol{\Theta}) - J(\boldsymbol{\Theta}^{k+1}) - \langle p^{k+1}, \boldsymbol{\Theta} - \boldsymbol{\Theta}^{k+1} \rangle$
④ $k \leftarrow k+1$
(3) End
(4) 输出 $\boldsymbol{\Theta}$

S. Osher 等[168]将公式(2-80)扩展应用到更加通用的全变分正则化求解：

$$\boldsymbol{\Theta} = \operatorname{argmin}_{\boldsymbol{\Theta}} \lambda TV(\boldsymbol{\Theta}) + H(\boldsymbol{\Theta}) \qquad (2\text{-}84)$$

其中 $TV(\boldsymbol{\Theta})$ 表示 $\boldsymbol{\Theta}$ 的全变分。式(2-84)中的 $\lambda \parallel \boldsymbol{\Theta} \parallel_1$ 可以用 $\lambda TV(\boldsymbol{\Theta})$ 代替，可得：

$$\boldsymbol{\Theta}^{k+1} = \operatorname{argmin}_{\boldsymbol{\Theta}} \lambda TV(\boldsymbol{\Theta}) + \frac{1}{2\delta^k} \parallel \boldsymbol{\Theta} - (\boldsymbol{\Theta}^k - \delta^k \nabla H(\boldsymbol{\Theta}^k)) \parallel_2^2 \qquad (2\text{-}85)$$

如果 $H(\boldsymbol{\Theta}) = 0.5 \parallel \boldsymbol{x} - \boldsymbol{A}\boldsymbol{\Theta} \parallel_2^2$ 则 $\{\boldsymbol{\Theta}^k\}$ 收敛于 $\boldsymbol{\Theta}$ 的全变分最小化：

$$\min_{\boldsymbol{\Theta}} \{ TV(\boldsymbol{\Theta}); \boldsymbol{A}\boldsymbol{\Theta} = \boldsymbol{x} \} \qquad (2\text{-}86)$$

$$\boldsymbol{\Theta} = \operatorname{argmin}_{\boldsymbol{\Theta}} \lambda \parallel \boldsymbol{\Theta} \parallel_1 + H(\boldsymbol{\Theta}) \qquad (2\text{-}87)$$

其中 $H(\boldsymbol{\Theta})$ 是可微凸函数,Bregman 的迭代过程如下:

$$\boldsymbol{\Theta}^{k+1}=\underset{\boldsymbol{\Theta}}{\arg\min}\lambda\parallel\boldsymbol{\Theta}\parallel_1+\frac{1}{2\delta^k}\parallel\boldsymbol{\Theta}-(\boldsymbol{\Theta}^k-\delta^k\nabla H(\boldsymbol{\Theta}^k))\parallel_2^2 \qquad (2-88)$$

其中 δ^k 是第 k 次迭代的步长,由于式(2-88)中待估计变量 $\boldsymbol{\Theta}$ 在每次迭代时都单独处理,即每个迭代值 $\boldsymbol{\Theta}^k$ 都是通过收敛操作单独计算,称之为软阈值操作:

$$\boldsymbol{\Theta}_i^{k+1}=\text{shrink}((\boldsymbol{\Theta}^k-\delta^k\nabla H(\boldsymbol{\Theta}^k)),\lambda\delta^k),i=1,2,\cdots,n \qquad (2-89)$$

其中 $\text{shrink}(\boldsymbol{x},\boldsymbol{\Theta})=\text{sgn}(\boldsymbol{x})\max(|\boldsymbol{x}|-\boldsymbol{\Theta},0)$。

Bregman 迭代需要相对较少的测量数,重建效果较好,但收敛速度慢,因此无法求解大尺度的最优化问题。Cai 等[170] Goldstein 等[171] 改进的算法,有效提高算法的计算效率。

2.6 小结

本章主要介绍了压缩感知框架下涉及的理论和方法,包括信号的稀疏化表示理论,稀疏观测理论的 RIP 条件及可叠加重构条件,信号重建理论及基于贪婪思想的两类典型的重建方法。

3 混沌观测矩阵研究

3.1 引言

压缩感知理论框架指出,适当的观测矩阵既能实现信息采集和信息传递,又能确保原始信号的精确重建。因此,观测矩阵设计中,研究热点集中在:① 观测矩阵设计理论研究,目的是探索观测矩阵隐含的更深层的潜在数学理论;② 构造符合压缩感知理论要求的观测矩阵,确保满足 RIP 条件;③ 改善观测矩阵的性能,降低矩阵设计复杂度和提升重建原始信号精度;④ 构造实际系统观测矩阵的方法,降低存储要求、运算复杂度和提高精度;⑤ 观测矩阵的扩展应用,目的是探索它是否还有其他应用。本章利用混沌序列的高阶无关性构造混沌矩阵,并从观测矩阵构造条件、构造方法及混沌观测矩阵的性能方面展开研究。本章 3.2 首先给出信号性能评估指标;3.3 节从混沌矩阵的统计特性、RIP 性质、构造方法进行了理论分析和大量对比实验;3.4 节对本章进行了总结。

3.2 信号重建评估指标

衡量观测矩阵性能的好坏必须要有统一的评判标准,这里引入常用的信号重建质量标准,它们分别是:绝对误差 err_{abs},相对误差 err_{rel},均方误差 MSE,信噪比 SNR 和主要用于衡量图像质量的峰值信噪比 $PSNR$,定义分别为:

$$err_{abs} = \parallel x - \hat{x} \parallel_2 \tag{3-1}$$

$$err_{rel} = \parallel x - \hat{x} \parallel_2 / \parallel \hat{x} \parallel_2 \tag{3-2}$$

$$MSE = \parallel x - \hat{x} \parallel_2^2 / (M \times N) \tag{3-3}$$

$$SNR = 10 \cdot \lg \frac{\parallel \hat{x} \parallel_2^2}{MSE} \ (dB) \tag{3-4}$$

$$PSNR = 10 \cdot \lg \frac{\max(x, \hat{x})^2}{MSE} \text{ (dB)} \tag{3-5}$$

此外,在一些实验中,为了方便对数据进行对比分析,常需要对数据进行归一化处理。此处,分别给出 $PSNR$ 相对值 $PSNR_{rel}$ 和 SNR 相对值 SNR_{rel} 的定义,$PSNR_{rel}$ 和 SNR_{rel} 的定义分别为:

$$PSNR_{rel} = PSNR/\max(PSNR) \tag{3-6}$$

$$SNR_{rel} = SNR/\max(SNR) \tag{3-7}$$

3.3　混沌矩阵的统计特性

作为压缩感知框架体系中一个十分关键的环节,如何设计满足 RIP 条件的观测矩阵,确保在降维观测中能保留原始信号的完整信息,是压缩感知观测矩阵设计的一个热点也是难点领域。本章 2.3.2 节中主要分析常用的高斯类随机矩阵和 Bernoulli 类随机矩阵,这些矩阵具有很大的不确定性,也正是因为这种不确定确保了矩阵高概率的不相关特性。然而 Bernoulli 矩阵和高斯随机矩阵的这种随意性是不可控的,在信号的采集及重建中需要事先预置该测量矩阵,这需要花费大量的系统存储,而且,一旦这个矩阵形成以后,很难进行重置替换,必须在压缩和重建端同步进行操作,这大大增加了系统的复杂度和开销,在信息安全方面也存在风险。在面向应用的压缩感知系统应用中,通常希望观测矩阵在满足 RIP 条件下,具有一定的"确定性"使之可控,压缩观测与重建端的矩阵生成方式简单,且容易定期替换,能确保信息安全。由此,本书中很自然地将"混沌"概念引入到压缩观测矩阵的设计中。

混沌系统具有显著的伪随机性质,具有高度的初值参数敏感性,能由确定性规则产生不确定轨迹,能很好地将确定性与随机性有机地融合在一起。因此,混沌系统在非线性控制、信号处理、高保密通信等领域得到了广泛应用。本节研究利用混沌伪随机特性来构造"混沌观测矩阵"的方法。

3.3.1　混沌系统及其统计性质

考虑下面的二次迭代式:

$$z_{n+1} = r z_n (1 - z_n) \tag{3-8}$$

其中 r 为正的实数。当 $r \in [0, 4]$ 时,式(3-8)就是简单的一维离散混沌系统,称为 Logistic 映射[172,173]。特别的,当 $r = 4$ 时,式(3-8)可表示为:

$$z_n = \frac{1}{2}\left[1 - \cos(2\pi\theta 2^n)\right] \tag{3-9}$$

式(3-8)是一个典型的混沌方程,当给定种子时,能产生不同的复杂伪随机序列,但其动态过程却非常简单,正是因为混沌方程的这种简单控制、复杂输出的特性,通常用于产生随机序列[174,175]并将其应用于保密通信和水印技术中。

若 $x_n = \cos(2\pi\theta 2^n)$,显而易见,因为序列 z_n 和序列 x_n 之间的线性关系,使得它们具有相似的统计性质[174-176]:

如果 x_n 和 x_m 是统计独立的,相应的,z_n 和 z_m 也是统计独立的。因此,接下来从混沌序列 x_n 的分布、自相关性和互相关性三个方面进行分析,判别由 x_n 产生的观测矩阵是否满足 RIP 条件。

3.3.1.1　分布

由 x_n 产生的随机序列具有以下统计特性[174,176]:① 0 均值;② 序列中所有的元素 x_n 满足 $x_n \in [0,1]$;③ 具有稳定的统计分布 $\rho(x) = \frac{1}{\pi}(1-x^2)^{-1/2}$。

3.3.1.2　统计独立性

对由 x_n 产生的序列,若其高阶 x_{n+d} 与 x_n 满足 $E(x_n, x_{n+d}) = E(x_n)E(x_{n+d})$,从概率相关性的角度来讲,$x_n$ 和 x_{n+d} 不相关。虽然文献[176]证明了 x_n 的元素之间具有一定的相关性,但若能证明 x_n 在采样距离 d 足够大时,其高阶元素彼此独立,则能从 x_n 生成具有"随机性"的伪随机序列。因此,有下面的引理:

引理 3.1[174]　定义 $X = \{x_n, x_{n+1}, \cdots, x_{n+k}, \cdots\}$,为 x_n 产生的序列,其初始点定义为 $x_0 = \cos(2\pi\theta)$,同时定义正整数 d 为采样距离,那么对于任意的正整数 $m_0, m_1 < 2^d$ 都有:

$$E(x_n^{m_0} x_{n+d}^{m_1}) = E(x_n^{m_0})E(x_{n+d}^{m_1}) \tag{3-10}$$

证明:

该证明分为两个部分:

(1) 当 m_0, m_1 中至少有一个是奇数时,那么根据上述相关性分析可以得到式(3-10)的右边等于 0。而对于该式的左边而言,则有:

$$E(x_n^{m_0} x_{n+d}^{m_1}) = \int_{-1}^{1} \rho(x_0) x_n^{m_0} x_{n+d}^{m_1} \, dx_0$$

$$= \int_{0}^{1} \cos^m(2\pi\theta 2^n) \cos^m(2\pi\theta 2^{n+d}) \, d\theta$$

$$= \frac{1}{2^{(m_0+m_1)}} \sum_{\sigma} \delta(2^n \sum_{i=1}^{m_0} \sigma_{n_i} + 2^{n+d} \sum_{i=1}^{m_1} \sigma_{(n+d)_i}) \quad (3\text{-}11)$$

其中最后一个等式用到了两个条件：

① $\cos \theta = (e^{i\theta} + e^{-i\theta})/2$；

② $\int_0^1 e^{i2\pi\theta k} d\theta = \delta(k)$ 其中 $\delta(k) = 0, (k \neq 0), \delta(k) = 1 (k = 0)$。$\sum_{\sigma}$ 表示所有可能多项式展开的组合，其中 $\sigma_{n_i} = \pm 1, \sigma_{(n+d)_i} = \pm 1$。

然后分析式(3-10)的左边的可能的值，可以有下面两种可能：

① m_1 为奇数时，$| \sum_{i=1}^{m_0} \sigma_{n_i} | \leqslant m_0$ 且 $| \sum_{i=1}^{m_1} \sigma_{(n+d)_i} | \geqslant 1$，因此 $2^n \sum_{i=1}^{m_0} \sigma_{n_i} + 2^{n+d} \sum_{i=1}^{m_1} \sigma_{(n+d)_i} \neq 0$，从而得出式(3-10) 的左边也等于 0。

② m_1 是偶数时，那么 m_0 一定是奇数（根据之前的假设），则可能出现 $\sum_{i=1}^{m_1} \sigma_{(n+d)_i} = 0$，但是 $\sum_{i=1}^{m_0} \sigma_{n_i} \neq 0$（因为 m_0 是奇数），那么 $2^n \sum_{i=1}^{m_0} \sigma_{n_i} + 2^{n+d} \sum_{i=1}^{m_1} \sigma_{(n+d)_i} \neq 0$，从而得出式(3-10) 的左边也等于 0。

(2) 当 m_0, m_1 都为偶数时，可以经过简单的计算得到：

$$E(x_n^{m_0} x_{n+d}^{m_1}) = 2^{-(m_0+m_1)} \begin{pmatrix} m_0 \\ m_0/2 \end{pmatrix} \begin{pmatrix} m_1 \\ m_1/2 \end{pmatrix} \quad (3\text{-}12)$$

比较式(3-11)与式(3-12)，可以得到式(3-10)。引理 3.1 说明当 $d \to \infty$ 时，x_n 和 x_{n+d} 是趋近于统计独立的，这个结果正好和文献[177]的结果相对应。因此，如果取 $d = 15$ 或者更大，x_n 和 x_{n+d} 的任意阶距（这时 $m_0, m_1 < 2^d = 32\,768$），都是不相关的。这时，可以近似地将 x_n 和 x_{n+d} 看作是统计独立的。

3.3.1.3　相关性

由于上述分布的对称性，容易得出，序列的自相关具有如下性质：

所有的奇数阶自相关都为 0，即 $E(x_n^m) = 0$，当 m 为奇数时；所有的偶数阶自相关都不为 0，且有

$$E(x_n^m) = 2^{-m} \begin{pmatrix} m \\ \dfrac{m}{2} \end{pmatrix}，当 m 为偶数时 \quad (3\text{-}13)$$

3.3.2 混沌观测矩阵分析

3.3.2.1 混沌观测矩阵的构造方法

定义混沌序列 $Z(d,k,z_0)=\{z_n,z_{n+d},\cdots,z_{n+kd}\}$ 为从 Logistic 映射(3-8)由初始值 z_0 产生的一组序列中经过采样之后得到的序列,其采样距离定义为 d,k 为采样点个数。另外,定义 $x_k \in X(d,k,z_0)$ 为对应的规则化之后的序列:

$$x_k = 1 - 2z_{n+kd} \tag{3-14}$$

不难看出,$X(d,k,x_0)$ 对应式 x_n,且 $x_0=1-2z_0$,因此序列 $X(d,k,x_0)$ 满足上节讨论的统计性质。

为了构造混沌压缩观测矩阵 $\boldsymbol{\Phi} \in \mathbf{R}^{M \times N}$ 首先产生采样的 Logistic 序列 $X(d,k,x_0)$,其中 $k=MN$,然后将序列 $X(d,k,x_0)$ 按逐列的方式构造 $\boldsymbol{\Phi}$:

$$\boldsymbol{\Phi} = \sqrt{\frac{2}{M}} \begin{bmatrix} x_0 & \cdots & x_{M(N-1)} \\ x_1 & \cdots & x_{M(N-1)+1} \\ \vdots & \vdots & \vdots \\ x_{m-1} & \cdots & x_{MN-1} \end{bmatrix} \tag{3-15}$$

其中,$\sqrt{2/M}$ 为正则化因子。为确保序列 $X(d,k,x_0)$ 中元素之间的独立性,选择采样距离 $d=15$,那么矩阵 $\boldsymbol{\Phi}$ 中的元素近似服从 IID 分布,其分布满足 $\rho(x)$。很容易计算出矩阵 $\boldsymbol{\Phi}$ 满足 $E(\boldsymbol{\Phi}^{\mathrm{T}}\boldsymbol{\Phi})=I$。

3.3.2.2 混沌观测矩阵的 RIP 性质

下面来分析混沌压缩观测矩阵的 RIP 性质,首先给出定理如下:

定理 3.1 定义混沌压缩观测矩阵 $\boldsymbol{\Phi} \in \mathbf{R}^{M \times N}$ 如式(3-49),那么在很大概率上,$\boldsymbol{\Phi}$ 满足 k 阶常数为 $\delta > 0$ 的 RIP 条件,如果 $k \leqslant O(M/\log(N/k))$。

不难看出,矩阵 Φ 是一个近似 IID 分布的亚高斯矩阵,Candès, Pajor 等[178]已经证明了所有的亚高斯矩阵都满足 RIP 条件。尽管如此,这里将根据 Baraniuk 的思想[69],给出对定理 3.1 的简单证明。同时,可以看到,引理 3.1 对后续证明的影响。

证明定理 3.1 之前,利用上节中的混沌序列相关性性质和高斯随机变量的二阶稳定性,可以得到类似文献[179]的结论。

引理 3.2 对于 $h \notin (0,1/2)$

$$E[\exp(hQ^2)] \cong \frac{1}{\sqrt{1-2h}} \tag{3-16}$$

$$E[Q^4]\cong 3 \tag{3-17}$$

其中 $Q=\langle x,u\rangle$，x 为矩阵 $\boldsymbol{\Phi}$ 的任意行向量，u 为任意的单位矢量。

引理 3.2 中的符号"$\cong$"表示近似小于，且当采样距离 $d\to\infty$ 时，为严格的小于等于"$\leqslant$"。

定理 3.1 的证明[174]：

根据 Baraniuk 的思想，可以将证明分为两个部分，首先证明矩阵 $\boldsymbol{\Phi}$ 的任意子矩阵 $\boldsymbol{\Phi}_\Gamma$ 满足 JL 性质[180]，其次通过排列组合理论可以很容易得出最后的结论。

（1）JL 性质：

定义 $\boldsymbol{\Phi}_\Gamma$ 为矩阵 $\boldsymbol{\Phi}$ 的任意列子矩阵，且选择的列数目 $\|\Gamma\|_0=k$，k 为信号稀疏度。那么根据 Chenioff 定理，对于任意的单位矢量 $u\in\mathbf{R}^k$，给定正的常数 h，则有：

$$Pr[\|\boldsymbol{\Phi}_\Gamma u\|^2\geqslant 1+\delta]\leqslant\exp(-hM(1+\delta))E[\exp(hM\|\boldsymbol{\Phi}_\Gamma u\|^2)]$$
$$\approx\exp(-hM(1+\delta))(E[\exp(hQ^2)])M$$
$$\cong\exp(-hM(1+\delta))\left(\frac{1}{\sqrt{1-2h}}\right)^M$$
$$\cong\exp\left(-\frac{M}{2}\left(\frac{\delta^2}{2}-\frac{\delta^3}{3}\right)\right)$$
$$=\exp(-c_1(\delta)M) \tag{3-18}$$

其中最后一项不等式是根据泰勒展开，且将 $h=\dfrac{1}{2}\cdot\dfrac{\delta}{1+\delta}$ 带入式（3-16）得到式（3-17）的结论，另外，$c_1(\delta)=\dfrac{\delta^2}{4}-\dfrac{\delta^3}{6}$。

同理，可以得到其下界：

$$Pr[\|\boldsymbol{\Phi}_\Gamma u\|^2\leqslant 1-\delta]\leqslant\exp(hM(1+\delta))E[\exp(-hM\|\boldsymbol{\Phi}_\Gamma u\|^2)]$$
$$\approx\exp(hM(1+\delta))(E[\exp(-hQ^2)])M$$
$$\cong\exp(hM(1-\delta))\left(1-h+\frac{3}{2}h^2\right)^M$$
$$=\exp(-c_2(\delta)M) \tag{3-19}$$

这时取 $h=h_{\mathrm{opt}}=\dfrac{-2-\delta+\sqrt{4+8\delta-5\delta^2}}{3(1-\delta)}$

且 $c_2(\delta)=h_{\mathrm{opt}}(1-\delta)(1-h_{\mathrm{opt}}+3h_{\mathrm{opt}}^2/2)$。

取 $c(\delta)=\min\{c_1(\delta),\{c_2(\delta)\}$，最终得到：

$$Pr[|\ \|\boldsymbol{\Phi}_{\Gamma}\boldsymbol{u}\ \|^{2}-1|\geqslant\delta]\leqslant 2\exp(-c(\delta)M) \qquad (3\text{-}20)$$

（2）RIP

对于某一种可能的 k-稀疏的信号 x，记 Γ 为非零值元素的坐标集合，那么 $\|\Gamma\|_{0}=k\ll N$。可以根据这个坐标集合 Γ 构造相应 $\boldsymbol{\Phi}$ 的子矩阵 $\boldsymbol{\Phi}_{\Gamma}$，因此 $\boldsymbol{\Phi}_{\Gamma}$ 满足式（3-20），定义事件 ε_{k} 为

$$\varepsilon_{k}=\{|\ \|\boldsymbol{\Phi}_{\Gamma}\boldsymbol{u}\ \|^{2}-1|\geqslant\delta\} \qquad (3\text{-}21)$$

事件为 ε 所有可能的 ε_{k} 的集合，即 $\varepsilon=\bigcup\limits_{i=1}^{k}\varepsilon_{i}$

那么有：

$$Pr[\varepsilon]=\bigcup\limits_{i}Pr[\varepsilon_{\Gamma_{i}}]\cong 2\binom{N}{k}\exp[-c(\delta)M]$$

$$\leqslant 2\left(\frac{eN}{K}\right)^{k}\exp(-c(\delta)M)$$

$$=\exp\left(\log 2-c(\delta)M+k\left(\log\left(\frac{N}{k}\right)+1\right)\right) \qquad (3\text{-}22)$$

其中，设常数 $c_{3}>0$，只要 $k\leqslant c_{3}M/\log(N/k)$，上式的上界则只含有指数项且其指数满足 $\leqslant -c_{4}M$，其中 $c_{4}\leqslant c(\delta)-c_{3}[1+1/\log(N/k)]$。并且，能找到合适的常数 $c_{3}>0$ 足够小，以至于 $c_{4}>0$。因此，矩阵 $\boldsymbol{\Phi}$ 满足 RIP 条件的概率至少为 $1-Pr[\varepsilon]\cong 1-2\mathrm{e}^{-c_{4}M}$。

3.3.3　混沌矩阵仿真实验

本节主要从一维时域稀疏信号、一维频域稀疏信号的重建和二维 Lena 图像的重建方面展开对比实验。从 2.4.2 节中抽取具有代表性的随机高斯矩阵。Teoplitz 矩阵及 Bernulli 矩阵中具有代表性的随机对称符号矩阵与本节提出的混沌压缩观测矩阵进行重建精度、误差、相对误差、重建时间以及混沌矩阵中采用不同的初始值对重建效果的影响。实验中用到的混沌压缩观测矩阵根据 3.3.2 介绍的构造方法生成，定义采样距离 $d=15$。

3.3.3.1　一维时域实验

构造 x 为幅度为 ± 1、稀疏支撑 $k=30$、长度为 $N=256$ 的时域稀疏信号，利用观测率 $M/N=0.5$ 的随机高斯矩阵对其进行线性观测，然后采用 2.5.2.1 中的 OMP 算法重建，如图 3-1 所示。

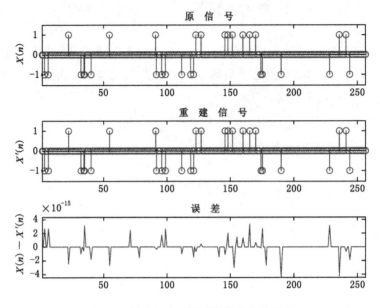

图 3-1　混沌矩阵一维时域稀疏信号重建

3.3.3.2　一维频域稀疏信号

$$x=0.3\sin(2\pi f_1 T_s t_s)+0.5\sin(2\pi f_2 T_s t_s)+0.7\sin(2\pi f_3 T_s t_s)+$$

$$0.9\sin(2\pi f_4 T_s t_s)+0.6\sin(2\pi f_5 T_s t_s)+0.4\sin(2\pi f_6 T_s t_s)$$

其中,$f_1=50$,$f_2=100$,$f_3=150$,$f_4=250$,$f_5=300$,$f_6=400$,采样序列 $T_s=1$：256,采样间隔 $t_s=1/f_s=1.25\times10^{-3}$,采样频率 $f_s=800$,长度 $N=256$,$M=64$,先将 x 通过 FFT 变换到频域再观测重建,对重建后的信号进行 IFFT 变化恢复重建信号 $\hat{x}$,重建效果如图 3-2 所示。

3.3.3.3　二维图像实验

采样对象为 256×256 的 Lena 图像,为了减小计算时间,将图像看作由 256 组 256×1 的列向量,观测率分别取 $M/N=0.4$ 和 $M/N=0.8$,观测矩阵采用高斯随机矩阵,重建时采用"sym8"正交小波基作为稀疏基,重建算法采用 OMP 算法(算法中残差阈值设置为 10^{-3},迭代次数设置为 100 次),重建效果如图 3-3 所示。

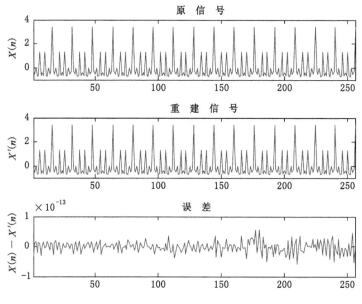

图 3-2　混沌矩阵一维频域稀疏信号重建

（a）Lena 原始图像　　（b）重建 Lena（$M/N=0.4$）　（c）重建 Lena（$M/N=0.8$）

图 3-3　混沌矩阵二维图像观测重建结果

3.3.4　性能对比分析

3.3.4.1　一维时域信号对比分析

首先从图 3-1 的一维时域频域信号重建结果来看，其时域重建误差为 10^{-15}，相对误差为 10^{-13}，这与高斯类观测矩阵和 Bernulli 类观测矩阵的重建结果是一致的。若定义当相对误差小于 $5×10^{-14}$ 即为精确重建。对一维时域信号、改变观测率、对比观察随机高斯矩阵，Teoplitz 矩阵，随机对称符号矩阵与混沌矩阵的相对误差和重建概率的变化，实验结果如图 3-4 所示。

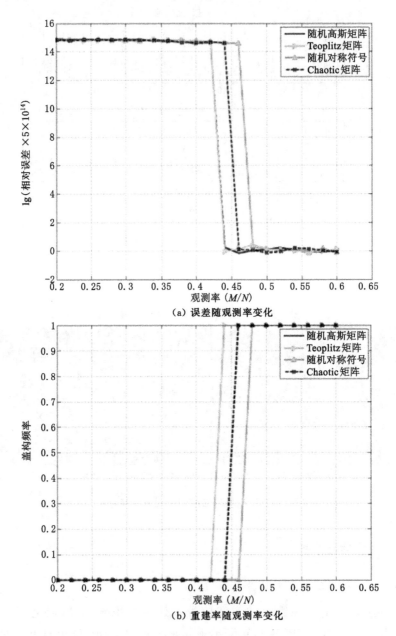

图 3-4　混沌观测重建误差与重建概率随观测率变化比较

在重建误差随观测率变化方面局部随机高斯矩阵和 Teoplitz 矩阵表现出最优性能,在观测率 0.44 以上时能精确重建原信号,而随机对称符号矩阵表现最差,当观测率高于 0.47 时才精确重建原信号;而混沌矩阵介于二者之间,在观测率为 0.46 时能精确重建原信号,而且当稳定重建后,其相对误差优于其他三者。从精确重建概率随观测率的变化来看,得到和重建误差一致的结论。

3.3.4.2　二维图像重建对比分析

为不失一般性,仍然采用 256×256 的 Lena 作为标准测试二维信号,对图像进行 DWT 变换,变换后的 DWT 进行近似系数重建,仍然采用 OMP 重建算法,其中 OMP 的迭代次数设置为 100 次,误差设置为 10^{-4},比较随机高斯矩阵、Teoplitz 矩阵、随机对称二进制矩阵和混沌矩阵随着观测率变化和信号重建精度的变化,结果如图 3-5 所示。

从图 3-5 的对比结果中可以看出,在信号重建性能方面,所选择的四个矩阵几乎具有相同的性能,当观测率在 0.3 时,混沌矩阵在图像重建上性能次于其他三类矩阵,当观测率大于 0.4 时,四种矩阵的重建信噪比基本相同,其中 Teoplitz 略优于其他三种矩阵,但优势极不明显。从图 3-5(b)图像重建时间曲线来看,信号重建时间随着观测率的增加迅速增加,当观测率为 0.8 时,四种矩阵的重建时间基本都超过 50 s,这进一步说明 OMP 的信号重建只是对理论的

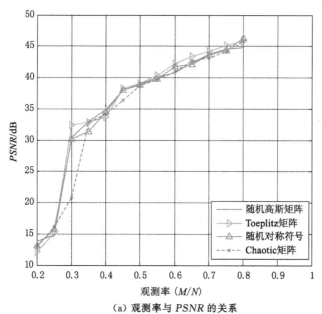

（a）观测率与 PSNR 的关系

图 3-5　重建 PSNR 与重建时间观测率变化比较

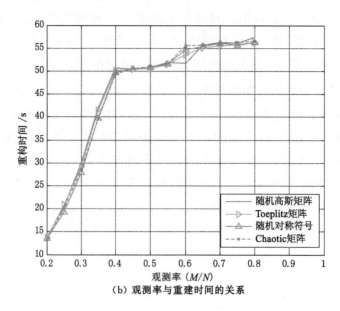

（b）观测率与重建时间的关系

图 3-5（续）　重建 $PSNR$ 与重建时间观测率变化比较

一种验证,并不适用于应用系统的信号重建,尤其在实时系统中,需要有更进一步的优化改进。

3.3.4.3　混沌矩阵初始状态对信号重建影响分析

实验采用与本章其他节所采用的时域稀疏信号一样,信号长度 $N=256$、稀疏支撑 $k=30$、幅值为随机 ±1 的脉冲信号。实验中挑选具有代表性的随机高斯观测矩阵、随机对称符号矩阵与本节设计的混沌矩阵在观测率、混沌矩阵特有初始状态和信号重建的 $PSNR$ 三者间展开对比,如图 3-6~图 3-8 所示。

图 3-6~图 3-8 实验结果说明,高斯矩阵、随机对称符号矩阵以及混沌矩阵在信号长度稀疏支撑 k 一定时,重建精度随着观测率的增加显著增加,尤其当观测率大于 0.45 以后,信号的重建概率为 100%,重建精度达到 300 dB 以上,重建误差小于 10^{-14},三种系统的重建效果基本相同。需要特别指明,选择混沌矩阵的初始值 $x_0\in\{0.01,0.02,\cdots,0.1\}$ 变化时,对重建信号的精度不产生影响。这说明,混沌矩阵混沌系统产生的观测矩阵可以达到和高斯随机矩阵几乎等同的效果;不同初始状态下得到的混沌矩阵对重建算法的性能满足压缩观测需求。

然而,混沌理论在压缩感知观测矩阵设计中具有其他矩阵所不具备的"确定性"和"随机性"共同特征,这大大降低了矩阵重建的复杂度。

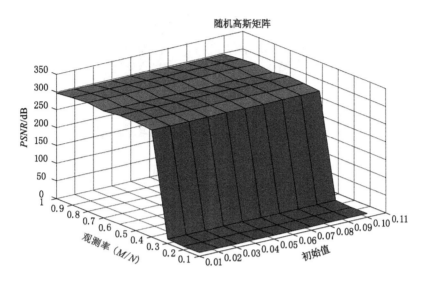

图 3-6 随机高斯矩阵重建 $PSNR$ 随观测度的变化

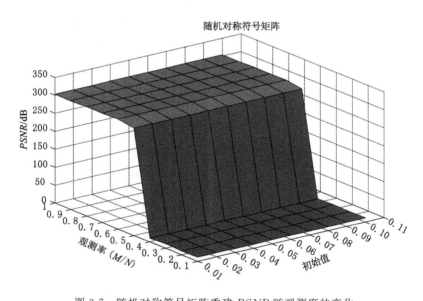

图 3-7 随机对称符号矩阵重建 $PSNR$ 随观测度的变化

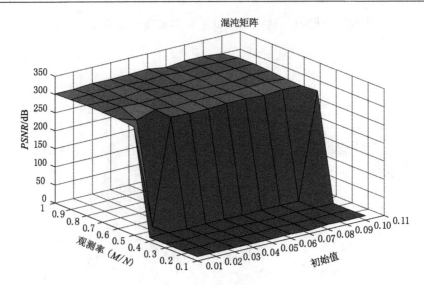

图 3-8　混沌矩阵重建 $PSNR$ 随观测度，混沌初始值的变化

3.3.4.4　稀疏支撑、观测率与重建精度比较

　　实验仍然选取一维时域稀疏信号，信号长度 $N=256$、稀疏支撑 $k=30$、幅值为随机 ± 1。选取随机高斯观测矩阵、随机对称符号矩阵与本节设计的混沌矩阵在信号重建精度随着稀疏支撑和观测率的变化方面展开对比，实验结果如图 3-9～图 3-11 所示。

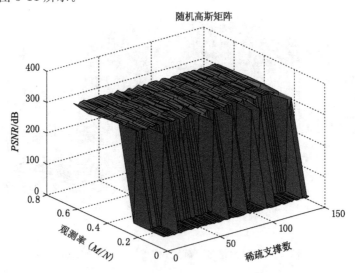

图 3-9　高斯矩阵稀疏支撑、观测率与 $PSNR$ 的关系

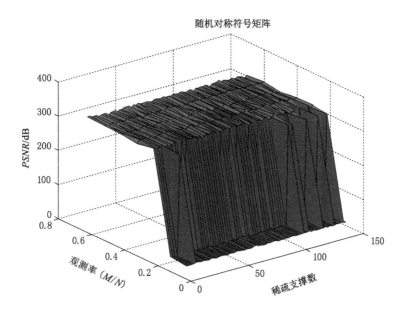

图 3-10 随机对称符号阵稀疏支撑、观测率与 $PSNR$ 的关系

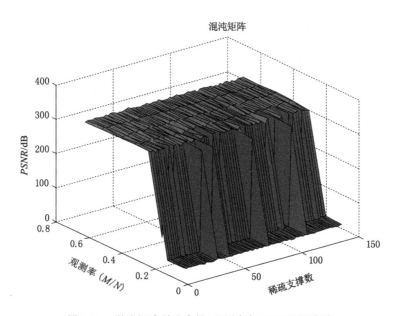

图 3-11 混沌矩阵稀疏支撑、观测率与 $PSNR$ 的关系

图 3-9～图 3-11 实验结果可以看出信号的重建精度与观测率和稀疏支撑有密切关系；观测率与 $PSNR$ 的关系及稀疏支撑与 $PSNR$ 的关系在前文相关实验中已经探讨，此处不再赘述。然而对于观测率与稀疏支撑之间的关系，当稀疏支撑数一定时，随着观测率的增加，重建信号精度有显著增加；而当观测率达到 0.45 及以上时，总体来说稀疏在不超过信号长度的一半时，重建精度不受特别影响。但若固定观测率，仅仅增加稀疏支撑，则随着支撑数的增加会出现重建效果急剧恶化的现象，这进一步验证了压缩感知信号稀疏重建支撑与观测数的关系：$M \geqslant k \cdot \log(N/k)$。

从本节实验结果可以得出结论：① 混沌观测矩阵具有与高斯观测矩阵、随机对称符号矩阵等矩阵相同的信号重建性能；② 混沌观测矩阵具备其他类型观测矩阵所不具备的伪随机特征，使得具有随机性的矩阵在给定初始值 μ 后变成一个可控的常量矩阵，而不同的 μ 直接控制着该矩阵的元素，对于信息加密具有十分重要的应用价值。

3.4 小结

本章首先分析了矩阵设计的重要性，然后将混沌理论（确切地说，是 Logistic 映射）引入压缩感知的观测矩阵设计，并对混沌观测矩阵的相关性、RIP 特性进行了理论分析，并通过理论分析得到：如果确保构成矩阵的元素间在混沌序列中保持足够远的距离，那么所构成的矩阵具有较高的统计独立性，从而保证了混沌压缩观测矩阵在很大概率上满足 RIP 条件。最后，通过实验可以看出，混沌观测矩阵具有同高斯随机矩阵相同的性质，进一步证实了它作为观测矩阵的可行性。

4 StORCP 重建算法研究

4.1 引言

将采集和压缩合二为一是压缩感知理论的核心思想,从降维空间中求解高维信号是重建算法的关键,信号重建需要充分利用信号的稀疏性求解系数在稀疏基上的准确位置。国内外对此展开了大量相关研究,并取得了丰硕成果。

这些成果归纳起来大致分为两大类:凸优化算法和贪婪算法[181,182],凸优化算法包括最小 l_1 范数法、稀疏 Bayesian 法、平滑 SL0 法等[87],其重建精度高,但计算复杂度大。贪婪算法主要包括匹配追踪算法[64,105]及其各种改进算法[93-107],这类算法具有运算速度快、重建精度高的特点。本章主要针对凸优化算法展开研究,并最终提出一种改进的贪婪算法-StORCP 算法。

4.2 基于残差收敛的分段正交追踪(StORCP)算法

基于 MP 和 OMP 的各种算法中,基本思想都是从原子库中挑选最匹配的原子作为备选原子,然后再对备选原子库进行正交投影计算与观测值的残差来进行匹配,逐步逼近最终解。因此,本章从残差收敛速度的角度考虑,提出了基于残差收敛的分段正交追踪算法。

4.2.1 算法思想

OMP 算法的迭代是将每次求得的残差正交后进行的,这样迭代效率比 MP 高[92]。但在低观测度时,其收敛速度慢,迭代复杂,无法精确重建原信号,而随着观测率的增加,其收敛速度明显加快并得到理想的重建效果。从中可以看出,贪婪算法向最终结果的逐步逼近是通过残差收敛实现的,因此如果能找到最佳的残差迭代方向,则能加速贪婪收敛,提高重建精度和效率。因此,本书提出基于残差收敛的分段正交追踪(stage-wise orthogonal convergence pursuit,StORCP)算法,算法思想如下:

首先假定被稀疏表示的系数 Θ 满足 $|\theta_{n_i}|=1$,用 r 表示当前残差。初始化 $a_0=\theta_{r_0}$,第 1 次至第 $i-1$ 次迭代已选原子为 θ_r,对于所有剩余原子 $a=\theta_\Gamma$,计算:

$$a_j=\theta_i-\sum_{p=0}^{i-1}\frac{\langle\theta_r,a_p\rangle}{\|a_p\|^2}a_p \tag{4-1}$$

依据式(4-1)计算残差值,可得:

$$r_i=\frac{\langle r_i,a_j\rangle}{\|a_j\|^2}a_j+r_{i+1_K} \tag{4-2}$$

再利用最小化约束选择原子:

$$\theta_{\Gamma_{i+1}}=\theta_{K\in\Gamma},\ \text{s. t.}\ \min\|r_{i+1_K}\|_2 \tag{4-3}$$

如果选择多个原子,则需设置门限参数,式(4-3)变为:

$$\theta_{\Gamma_{i+1}}=\theta_{K\in\Gamma},\text{s. t.}\ \leqslant\alpha\min\|r_{i+1_K}\|_2 \tag{4-4}$$

这里引入关键选择策略参数 α,用来控制每次选择的原子个数,通常 $\alpha\geqslant1$。式(4-4)中,当 $\alpha=1$ 时,则失去多原子选择的优势,回到 MP 和 OMP 的单原子选择策略中。因此 α 的取值应当兼顾信号的稀疏支撑和信号长度,过大的取值将导致每次选择原子过多,这虽然能加快收敛速度,但会导致收敛出现局部最优现象,无法达到最优解,而过小的 α 取值会增大运算时间。因此实际迭代中,α 可设置为:

$$\alpha=\frac{(\min\|r_{i+1_K}\|_2,\text{medial}\|r_{i+1_K}\|_2)}{2} \tag{4-5}$$

StORCP 算法完整过程的数学描述如下:

首先将在稀疏基上表示的系数 Θ,对 Θ 进行单位化投影:

$$\Theta=\frac{\Theta}{\|\Theta\|_2} \tag{4-6}$$

使得 Θ 中的原子 θ_i 满足 $|A_i|=1$,待分解信号 $y\in H$,H 表示希尔伯特空间,当前信号残差值由 $r\in H$ 表示,StORCP 对稀疏观测 y 进行稀疏分解,算法描述如下:

首先利用式(4-1)初始化 $u_0 = A_{r_0}$，然后将 $A_{r_0}\theta_{r_i}$ 关于 $\{A_{r_p}\}_{0 \leqslant p \leqslant i}$ 进行正交化：

$$u_i = A_i - \sum_{p=0}^{i-1} \langle A_i, u_p \rangle u_p \tag{4-7}$$

对正交化的 u_p 进行投影归一化，则式(4-7)经归一化后可写为：

$$u_i = A_i - \sum_{p=0}^{i-1} \frac{\langle A_r, u_p \rangle}{\parallel u_p \parallel^2} u_p \tag{4-8}$$

此时对应残差值在 u_p 上投影后与前次叠加为：

$$r_i = \frac{\langle r_i, u_i \rangle}{\parallel u_i \parallel^2} u_i + r_{i+1} \tag{4-9}$$

假设信号被 k 稀疏表示，则有：

$$\hat{x} = \sum_{i=0}^{k-1} \frac{\langle r_i, u_i \rangle}{\parallel u_i \parallel^2} u_i + r_k \tag{4-10}$$

当式(4-10)残差 $r_k \to 0$，则式(4-10)可表示为：

$$\hat{x} = \sum_{i=0}^{k-1} \frac{\langle r_i, u_i \rangle}{\parallel u_i \parallel^2} u_i \approx x \tag{4-11}$$

式(4-11)即为稀疏重建信号。因此原子选择过程式(4-1)～式(4-4)和迭代运算过程式(4-8)～式(4-11)构成了 StORCP 算法的基本步骤。

通过残差收敛迭代，残差的投影收敛如图 4-1 所示：

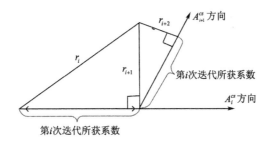

图 4-1 残差正交收敛示意图

4.2.2 算法流程

综合上节的迭代分析过程，整理出 StORCP 算法整体流程如表 4-1 所示：

表 4-1　StORCP 算法流程

StORCP算法基本流程

输入：观测矩阵 A，信号稀疏支撑 k，线性观测 y

Step1：初始化：$r_0=y, \Gamma_0=\varphi, t=1$

Step2：While $t<ck$ （c 是一个正的常数，一般 $c\geqslant2$）

Step3：根据式(4-7)、式(4-8)对原子排序

Step4：选择原子：利用 $A_{\Gamma_{i+1}}=A_{k\in\Gamma_r}$，subject to $\leqslant\alpha$ $\min\parallel r_{i+1_K}\parallel_2$

Step5：更新：$\Gamma_t=\Gamma_{t-1}\bigcup J_t$，得到新的逼近 x_t，即 $x_t=(A_{\Gamma_t}^T A_{\Gamma_t})^{-1}A_{\Gamma_t}^T y$

Step6：更新残差 r_t：$r_t=y-A_{\Gamma_t}^R x_t$

Step7：检查终止条件（$t<ck$），若不满足，令 $t=t+1$，返回 step2

若满足终止条件，转至 step8

Step8 输出 $\hat{x}$ 和 r

4.3　StORCP 相关实验

为了验证算法的正确性及重建性能，本节分别从原子选择正确性，观测矩阵适应性，一维时域信号重构的精度，重构残差收敛和重构精度与观测率的关系，重构残差和重构精度与稀疏支撑的关系以及二维图像信号重建等方面展开对比实验。

4.3.1　原子选择正确性比较

为了验证本书算法的原子选择正确性，实验采用与 OMP 收敛过程逐次对比的方法进行验证。对一个长度 $N=256$、稀疏度为 20 的时域稀疏信号，采用观测率=0.4 的高斯矩阵进行观测。对选择原子分别排序，记录原子的真实位置和重建位置，重复 20 次，判断算法的选择正确性。每次记录最前边的 10 个原子的位置，实验对比结果如图 4-2 所示。

由图 4-2 可知 OMP 与本书提出的 StORCP 算法原子选择性能基本一致，都随着进入备选原子库原子的增多出现选择正确率降低的现象，但从前 6 次选择来看 StORCP 的选择准确性略优于 OMP。

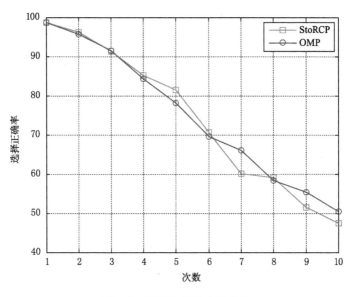

图 4-2 原子选择正确性对比

4.3.2 不同观测矩阵下的重建性能比较

实验选取一维时域稀疏信号 x、稀疏支撑 $k=20$、信号长度 $N=256$、信号幅值服从 $[0,1]$ 范围内的高斯随机分布,测量矩阵分别采用 Gaussian 随机矩阵、随机对称二进制矩阵、随机对称符号矩阵、局部 Hadamard 矩阵以及 semi-Hadamard 矩阵,观测率分别为 $M/N=(0.35, 0.4, 0.45)$,利用本章提出的 StORCP 进行信号重建,比较不同观测矩阵和观测率下信号的重建精度。实验结果如表 4-2 所示。

表 4-2　　　　基于不同测量矩阵的 StORCP 算法精确重建率

观测矩阵	重建率		
	$M/N=0.35$	$M/N=0.4$	$M/N=0.45$
Gaussian	0.932	0.965	1
Random Symmetric Binary	0.908	0.960	1
Random Symmetric Sign Matrix	0.931	0.974	1
Partial Hadamard	0.985	0.994	1
Semi-Hadamard	0.983	0.989	1

首先注意到,在观测率为 0.45 时,StORCP 在 5 种观测矩阵下都能精确重建原信号;当观测率为 0.4 时,算法在 5 种观测矩阵下的重建概率均超过96%,其中局部 Hadamard 表现出最优异的性能,而随机对称二进制矩阵较差;当观测率进一步降低到 0.35 时,局部 Hadamard 矩阵和 semi-Hadamard 矩阵仍然表现出优异的重建性能,均超过 98%,随机对称二进制矩阵仍然最差,仅达到 90.8%。

4.3.3 一维时域信号重建对比实验

4.3.3.1 不同观测率下的重建效果

实验选取一维时域稀疏信号 x、稀疏支撑 $k=20$、信号长度 $N=256$、信号幅值从 $[0,1]$ 范围内的高斯随机分布,测量矩阵采用高斯随机矩阵,分别取 0.35 和 0.5 的观测率,利用 StORCP 算法对信号进行重建仿真,观察算法对一维信号在不同观测率下的重构精度,仿真结果如图 4-3 所示。

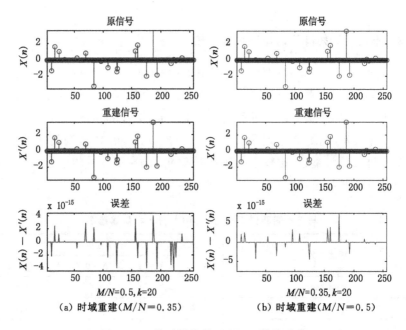

（a）时域重建（$M/N=0.35$）　　　（b）时域重建（$M/N=0.5$）

图 4-3　一维时域信号 StORCP 算法重建

4.3.3.2 与 OMP 对比重建效果

实验选取一维时域稀疏信号 x、稀疏支撑 $k=\{20,25,\cdots,50\}$、信号长度 $N=256$、信号幅值服从 $[0,1]$ 范围内的高斯随机分布,测量矩阵采用高斯随机矩阵,取观测率 $M/N\in\{0.35,0.4,\cdots,0.8\}$,利用 OMP 算法和 StORCP 算法对信号进行重建仿真,观测 StORCP 与 OMP 算法在不同的稀疏度、观测率下的重建 $PSNR$ 和重建时间,仿真结果如图 4-4 和图 4-5 所示。表 4-3 给出了两种算法对一维信号的重建结果。

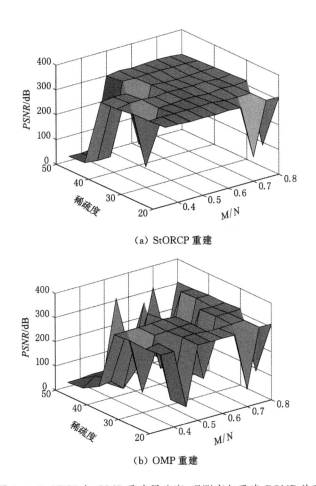

(a) StORCP 重建

(b) OMP 重建

图 4-4 StORCP 与 OMP 重建稀疏度,观测率与重建 $PSNR$ 关系

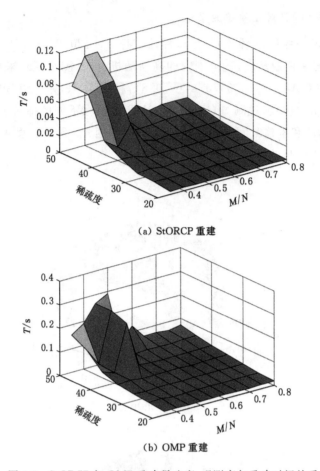

（a）StORCP 重建

（b）OMP 重建

图 4-5　StORCP 与 OMP 重建稀疏度、观测率与重建时间关系

表 4-3　StORCP 与 OMP 重建性能比较

支撑数 k	重建算法	观测率 M/N					
		0.4		0.6		0.8	
		$PSNR$/dB	T/s	$PSNR$/dB	T/s	$PSNR$/dB	T/s
20	StORCP	316.345	0.004	315.343	0.003	310.790	0.004
	OMP	314.034	0.017	311.932	0.018	312.511	0.019
25	StORCP	313.950	0.005	315.853	0.006	88.619	0.005
	OMP	317.001	0.026	310.229	0.023	88.619	0.023

表 4-3(续)

支撑数 k	重建算法	观测率 M/N					
		0.4		0.6		0.8	
		$PSNR/dB$	T/s	$PSNR/dB$	T/s	$PSNR/dB$	T/s
30	StORCP	83.180	0.008	310.433	0.008	316.840	0.007
	OMP	83.399	0.027	312.015	0.031	315.156	0.030
35	StORCP	308.058	0.014	309.815	0.010	311.769	0.010
	OMP	307.572	0.044	309.550	0.038	310.828	0.039
40	StORCP	304.483	0.016	304.988	0.014	309.645	0.014
	OMP	68.965	0.046	66.469	0.045	312.019	0.048
45	StORCP	17.845	0.080	309.475	0.017	307.416	0.018
	OMP	60.497	0.051	304.900	0.056	307.752	0.060
50	StORCP	15.218	0.108	303.488	0.032	300.719	0.024
	OMP	17.723	0.191	62.614	0.124	305.427	0.073

从图 4-4 和图 4-5 以及表 4-3 可以看出,在精确重建的 $PSNR$ 方面,StORCP 与 OMP 在相同支撑和观测率下,性能基本相同。从图 4-4(a)和图 4-4(b)的重建效果以及表 4-3(假定 $PSNR>300$ 为精确重构)中不难看出,StORCP 的重建成功概率高于 OMP,但二者均随着稀疏支撑数的增加而降低,随着观测率的增大,重建概率增加。从图 4-5(a),图 4-5(b)和表 4-3 的重建时间方面来看,二者均随着稀疏支撑的增大而增大,但 StORCP 的最大重建时间小于 0.12 s,而 OMP 的最大时间接近 0.3 s,总体来说,StORCP 的重构时间只有 OMP 重构时间的 20%～50%。由此可以看出 StORCP 在一维信号的重构方面性能优于 OMP。

4.3.3.3　重建残差与重建概率随观测度变化比较

实验选取一维时域稀疏信号 x、稀疏支撑 $k=20$、信号长度 $N=256$、信号幅值服从[0,1]范围内的高斯随机分布,测量矩阵采用高斯随机矩阵,观测区间取值为 $M/N\in(0.3\sim0.5)$,利用本章提出的 StORCP 算法与 StOMP-FDR,StOMP-FAR[99]及标准的 OMP 算法进行对比实验分析,实验结果如图 4-6所示。

由图 4-6 可知,四种重建算法随着观测率的增加,信号的归一化残差持续下降。其中 StOMP-FDR 性能最差,StOMP-FAR 性能略显优势,这与两种算

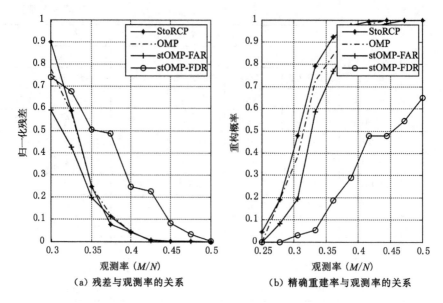

（a）残差与观测率的关系　　　　　（b）精确重建率与观测率的关系

图 4-6　重建残差和重建概率随观测率变化

法的阈值选择密切相关。StOMP-FAR 在实际中其阈值设置较低,故在残差收敛上体现出优势,相比较本章提出的 StORCP 算法和 OMP 算法,二者介于 StOMP-FDR 和 StOMP-FAR 性能之间,略逊于 StOMP-FAR。但仅仅从 StORCP 算法和 OMP 算来比较,在 0.3~0.35 区间,其残差收敛速度是四种算法中最快的;当观测率大于 0.35 时,本算法也略优于 OMP 算法和 StOMP-FAR;在重建概率方面,从图 4-6(b)可以直观地看出,StOMP-FDR 性能最差,远低于其他三种算法。而本章提出的 StORCP 算法则具有比 OMP 和 StOMP-FAR 高出 2% 左右的重建性能改善。

4.3.3.4　重建残差与重建概率随稀疏支撑变化比较

实验选取一维时域稀疏信号 x、稀疏支撑 $k \in (25, 55)$、信号长度 $N = 256$、信号幅值服从 $[0, 1]$ 范围内的高斯随机分布,测量矩阵采用高斯随机矩阵,观测区间取值为 $M/N = 0.5$,利用本章提出的 StORCP 算法与 StOMP-FDR,StOMP-FAR 及标准的 OMP 算法进行对比分析,对比重建残差和重建概率随观测率的变化情况,实验结果如图 4-7 所示。

由图 4-7 不难看出,在相对误差与稀疏支撑关系上,四种算法的重建相对误差均随稀疏度增加而增加,其中 StOMP-FDR 性能最差,远大于其他三种算

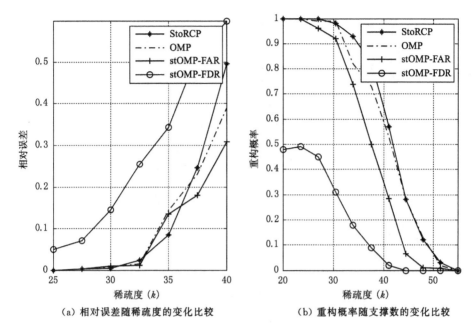

（a）相对误差随稀疏度的变化比较　　　　（b）重构概率随支撑数的变化比较

图 4-7　重建残差和重建概率随稀疏支撑的变化

法；在 StORCP、OMP、StOMP-FAR 三者中当稀疏度低于 33 时，三种算法具有相当的性能，随着 k 值的增大，StOMP-FAR 表现出良好的性能，在 $k<36$ 时，StORCP 优于 OMP 和 StOMP-FAR 算法，当 $k>36$ 则弱于 OMP 和 StOMP-FAR；从重建概率上来看，仍然是 StOMP-FDR 性能最差，其他三种性能相近。但本章提出的 StORCP 相比于 OMP 和 StOMP-FAR 算法具有微弱的优势。

4.3.4　二维图像重建对比实验

实验中选取 256×256 的 Lena 图像作为标准实验图像，采用典型的四种贪婪算法：OMP，ROMP，CoSaMP 和 SAMP 算法与本章提出的 StORCP 进行对比实验，用小波"Sym8"对图像进行稀疏表示，采用高斯观测矩阵作为观测矩阵，各种算法的误差阈值设置为 10^{-3}，取稀疏度 $k=M/4$，为对图像按照 256 个列向量逐一重建，在 $M/N\in\{0.35,0.4,0.45,\cdots,0.8\}$，图 4-8 和图 4-9 分别显示了在 $M/N=0.35$ 和 $M/N=0.8$ 时的重建效果，图 4-10 给出了重建图像的 $PSNR$ 和重建时间随观测率变化的关系；表 4-4 给出了不同 M/N 下的 5 种算法的重建峰值信噪比 $PSNR$ 和重建时间 t 的具体数据。

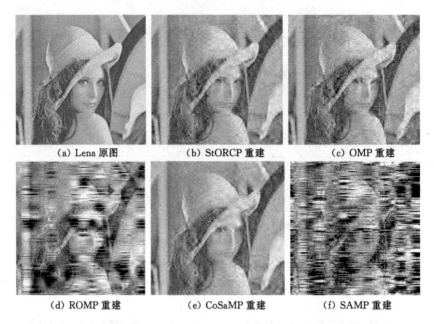

(a) Lena 原图　　　　(b) StORCP 重建　　　　(c) OMP 重建

(d) ROMP 重建　　　　(e) CoSaMP 重建　　　　(f) SAMP 重建

图 4-8　五种算法重建效果比较($M/N=0.35$)

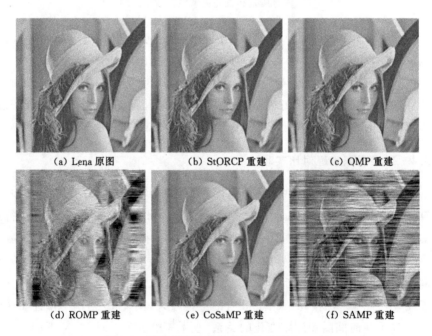

(a) Lena 原图　　　　(b) StORCP 重建　　　　(c) QMP 重建

(d) ROMP 重建　　　　(e) CoSaMP 重建　　　　(f) SAMP 重建

图 4-9　五种算法重建效果比较($M/N=0.8$)

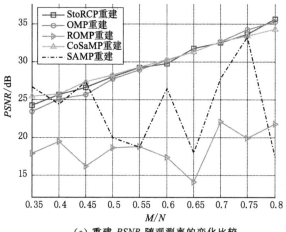

（a）重建 *PSNR* 随观测率的变化比较

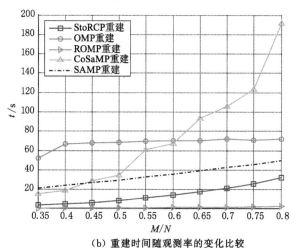

（b）重建时间随观测率的变化比较

图 4-10 五种算法二维重建性能比较

表 4-4 五种算法实验结果

重建算法	StORCP		OMP		ROMP		CoSaMP		SAMP	
M/N	*PSNR*/dB	*t*/s	*PSNR*/dB	*t*/s	*PSNR*/dB	*t*/s	*PSNR*/dB	*t*/s	*PSNR*/dB	*t*/s
0.35	24.26	3.57	23.47	52.46	17.91	0.60	25.49	15.18	26.72	21.21
0.40	25.67	4.91	25.10	66.91	19.46	0.74	25.77	19.01	24.44	24.44
0.45	26.67	6.41	25.67	67.78	16.24	0.82	27.40	28.78	27.39	26.97

表 4-4(续)

重建算法	StORCP		OMP		ROMP		CoSaMP		SAMP	
M/N	$PSNR$ /dB	t /s	$PSNR$ /dB	t /s	$PSNR$ /dB	t /s	$PSNR$ /dB	t /s	$PSNR$ /dB	t /s
0.50	28.03	8.19	27.75	68.32	18.65	0.96	28.32	34.89	20.00	29.73
0.55	29.29	11.33	28.96	69.74	18.81	1.11	29.32	60.92	18.71	32.90
0.60	29.76	14.13	30.19	70.27	17.41	1.30	30.33	67.32	26.49	35.96
0.65	31.82	17.86	31.32	70.24	14.15	1.47	31.35	93.38	18.03	39.60
0.70	32.55	21.05	32.69	71.73	22.10	1.70	32.67	105.83	27.85	42.86
0.75	33.69	25.76	34.22	71.02	19.95	2.04	33.41	123.62	33.27	45.92
0.80	35.64	32.61	35.30	71.93	21.80	2.57	34.29	191.66	17.37	50.10

由图 4-8～图 4-10 及表 4-4 可以看出,在信号重建质量方面,ROMP 和 SAMP 表现最差,在整个重建过程中极不稳定,这是由于重建算法无法适应稀疏度的变化引起的,ROMP 的稀疏支撑必须已知,SAMP 的步长则须固定,而 Lena 的稀疏域中,256 个 256×1 的列向量中,这两个参数都会随着图像变化而变化,具有不确定性,因此导致了这两种算法的适应性较差。从 4-10(a)中可以看出,StORCP,OMP 及 CoSaMP 算法的 $PSNR$ 均随着观测率的增加而增加,从表 4-4 的细节上来看,StORCP 算法略优于其他两种算法 0.5 dB,几乎没有明显区别;从重构时间上来看,显然直观地从图 4-10(b)中可以看出,CoSaMP 的重建时间随着观测率的增加迅速增长,在 $M/N=0.8$ 时达到 191.66 s,它的重建时间在三者中最长,性能不如 StORCP 和 OMP;虽然 ROMP 具有最短重建时间,但其重建性能远不如 StORCP。图 4-10(b)及表 4-4 的数据直接能看出,StORCP 的重建时间只有 OMP 的 20%～50%,显然 StORCP 优于 OMP,同时这也与一维信号实验结果一致。

4.4 StORCP 算法重建性能分析

上节中先后引入 6 种具有代表性的贪婪算法作为比较算法[①],其中 OMP

---

① 6 种算法分别是:OMP,StOMP-FAR,StOMP-FDR,ROMP,CoSaMP,SAMP

为标准正交迭代算法，StOMP 为分段匹配最终算法，SAMP 为自适应变步长算法，ROMP 为正则化算法，CoSaMP 是稀疏已知的变步长算法。由四方面的实验比较可知，在原子选择方面，StORCP 由于采用残差正交投影寻找最速下降梯度方向，保证了收敛速度，因此优于 OMP；在矩阵适应性方面，它能够适用于高斯类矩阵和贝努利类矩阵，而且表现出良好的适应性；从一维信号重构精度方面，其精确重构误差达到 10^{-15}，具有良好的精确重构能力；重建概率和重建误差上都具有比 OMP 略好的性能，在稀疏支撑影响方面，也表现出比 OMP 更好的性能。尽管 StORCP 每次迭代都要对全部剩余参数进行计算，但其良好的分段正交投影性能使得时间得到降低。从二维图像的重构方面，StORCP 同比其他四种算法具有重建精度高、重建时间短的特性，其重构时间只有 OMP 精确重构时间的 20%～50%。

虽然 StORCP 的性能优于给出的 6 种具有代表性的贪婪算法，但仍存在计算复杂度高的问题，通常一幅 256×256 的图片重建需要约 30～40 s，这也制约了它应用于实际系统的可能性。

4.5 小结

本章简要阐述了重建算法研究的背景，提出了基于残差收敛的分段正交追踪(StORCP)算法，并对其进行了理论分析。分别从原子选择、矩阵适应性、一维信号重构精度、重构误差和重构概率与观测率及稀疏支撑的关系，二维图像重构 PSNR 及重构时间等方面进行了大量对比实验。实验结果表明，StORCP 算法优于 OMP 以及 ROMP 等具有代表性的几种贪婪算法，但也应注意到，该算法的非线性迭代本质决定了它在信号重构方面仍具有较高计算复杂度，限制了它的实际应用。

5 CCBAM 观测及重建算法研究

5.1 引言

CS 理论框架下的应用问题研究,一直以来是 CS 信号压缩采集研究的重点、热点和难点,正如本书第一章提到的光学成像[43]、医学影像[119,183]、雷达成像[95]等应用研究热点领域已经取得相当成果,但这些研究成果大都因信号重建效率问题仅仅停留在理论成果和验证系统设计方面,距离实际应用还有相当距离。针对有实时要求的信号重建,无论是基于贪婪思想的 MP 算法及其改进算法[93-107],还是基于凸优化思想的 BP 算法及其扩展算法[108-112]以及混合型算法[184-187],它们虽然均在理论上保证了这些算法的可行性,但是在信号重建过程中,因观测矩阵 $\boldsymbol{\Phi}$ 的观测度 M 与信号的稀疏支撑 k 必须满足 $M \geqslant k\log(N/k)$[13],其庞大的贪婪搜索和无限次逼近算法,使得计算复杂度不低于 $O(MN)$[160],无法满足实时信号,尤其二维信号压缩采集的应用,本书的第 3 章、第 4 章关于二维图像重建实验更印证了这一点。

为降低计算复杂度,本章提出的基于信号系数贡献度的自适应观测(contribution of coefficients based adaptive measurement,CCBAM)矩阵,根据稀疏变换后的系数中,系数对信号重建的贡献度大小,保留必要的大系数而将小系数归零,对信号进行稀疏表示,采用行程编码(run length encoding,RLE)按照支撑索引进行无损压缩,生成自适应信号的观测矩阵,将原有的贪婪迭代思想简化为等价一维自适应线性运算,使得运算复杂度大大降低;为确保CCBAM 可能出现的低贡献度引起的高频失真问题,笔者提出增强的 CCBAM算法,用来改善 CCBAM 重建信号质量。

5.2 压缩观测应用问题

由 CS 理论框架可得知,对于在基 $\boldsymbol{\Psi}$ 上可稀疏表示为 $\boldsymbol{\Theta}$ 的信号 x,即

$$x = \boldsymbol{\Psi\Theta} \tag{5-1}$$

其中 $\boldsymbol{\Theta}$ 表示 x 在正交变换基 $\boldsymbol{\Psi}$ 下的系数向量；如果 $sup(\boldsymbol{\Theta}) = \{i, \Theta_i \neq 0\}$，那么当 $sup(\boldsymbol{\Theta}) \leqslant k$ 时，称信号 x 为 k-稀疏信号，在不进行变换的情况下直接通过一个与 $\boldsymbol{\Psi}$ 不相关的矩阵 $\boldsymbol{\Phi}^{M \times N}(M \ll N)$ 获取信号 x 的观测值：

$$y = \boldsymbol{\Phi} x \tag{5-2}$$

根据式(5-1)可将式(5-2)等价为 $y = \boldsymbol{\Phi} x = \boldsymbol{\Phi\Psi\Theta}$，称 $\boldsymbol{\Phi}$ 为 x 的观测矩阵，$\boldsymbol{\Psi}$ 为 x 的稀疏表示矩阵，令 $\boldsymbol{A}^\alpha = \boldsymbol{\Phi\Psi}$，则称 $\boldsymbol{A}^\alpha$ 为 x 的压缩感知矩阵，本书 2.2 节压缩感知理论分析部分对 $\boldsymbol{A}^\alpha$ 的 RIP 性质[16,67]，$\hat{\boldsymbol{\Theta}} = \min \| \boldsymbol{\Theta} \|_0$ s. t. $\boldsymbol{A}^\alpha \boldsymbol{\Theta} = y$，$\ell_1$ 范数等价重建[90]进行了分析。Donoho，Candès，T. Tao[12-14]，mallat[51]等人从理论角度出发证明了 CS 框架下，可稀疏信号重建的可能，并以随机高斯矩阵为主的各类随机性矩阵、伪随机矩阵作为观测矩阵的 RIP 条件进行了证明，并在此基础上提出基于凸优化的基追踪算法[108-112]和匹配追踪[93-107]。

CS 框架下的信号压缩采集与重建过程离不开三个关键环节：

① 信号的稀疏表示。信号在某组基 $\boldsymbol{\Psi}$ 上具有最佳的稀疏表示形式。

② 观测矩阵的设计。满足一定约束条件的确定性或随机观测矩阵 $\boldsymbol{\Phi}$，使得矩阵列间具有最小的相关系数，而且满足 $\mu(\boldsymbol{\Psi}, \boldsymbol{\Phi})$ 尽可能小。

③ 有效的重建算法。重建信号的精度足够高，重建计算复杂度 O 尽可能低，所需时间尽可能少。

信号稀疏表示在早期的数据压缩领域得到广泛研究，以调和分析理论为代表的 FFT[49]，DCT，DWT[50]等基函数，curvelet 等各种多尺度分析函数[56-58,60-62]，以及冗余字典[64]在自然信号的稀疏化表示方面已经十分出色，并在语音编码以及 JEPEG，JEPEG2000 编码中得到广泛应用。

在观测矩阵设计方面，目前大都以高斯矩阵、Toeplitz 矩阵、Bernulli 矩阵为基础提出各种优化和局部改进，比如提出的矩阵稀疏化及 semi-Hadamard 矩阵，这些矩阵都有在一定条件下满足 RIP 条件，能有效重建原信号，但它们共同的问题在于，它们完全或绝大部分具有随机特性，当在信号重建过程中求解欠定方程(5-3)~(5-6)：

$$\hat{\boldsymbol{\Theta}} = \min \| \boldsymbol{\Theta} \|_0 \ \text{s. t.} \ \boldsymbol{A}^\alpha \boldsymbol{\Theta} = y \tag{5-3}$$

$$\hat{\boldsymbol{\Theta}} = \min \boldsymbol{\Theta}_1, \text{s. t.} \ \boldsymbol{A}^\alpha \boldsymbol{\Theta} = y \tag{5-4}$$

$$\hat{\boldsymbol{\Theta}} = \min \| \boldsymbol{\Theta} \|_1 \ \text{s. t.} \ \| \boldsymbol{A}^\alpha \boldsymbol{\Theta} - y \|_2^2 < \varepsilon \tag{5-5}$$

$$\underset{\Theta}{\text{argmin}}(\boldsymbol{\Theta}) = \frac{1}{2} \| y - \boldsymbol{A}^\alpha \boldsymbol{\Theta} \|_2^2 + \tau \| \boldsymbol{\Theta} \|_1 \tag{5-6}$$

的求解过程极其复杂,需要耗费大量的时间,不适合实际应用系统。为确保信号快速准确重建,本书提出信号系数贡献度的观测矩阵。一般来讲,评估一个CS框架下信号压缩观测重建的总体性能,主要通过信号的观测率(压缩比)$\alpha(\alpha = M/N)$,重建时间 T,重建质量 $PSNR$ 三个主要性能指标进行衡量。为了对信号重建的满意度进行综合指标考评,假定信号重建峰值信噪比达到 30 dB即为精确重建,本章利用重建时间开方的倒数 $T_r(T_r = T^{-1/2})$,重建峰值信噪比 $PSNR$ 与给定标准峰值信噪比的比值 $P_s = (P_{PSNR}/30)^2$ 和信号观测率 α,信号重建考核指标的一般性,本书提出"信号重建满意度"作为重建性能综合指标,定义如(5-7):

$$S_{at}(T_r, P_s, \alpha) = \frac{T_r \cdot P_s}{\alpha} = \frac{N \cdot P_{PSNR}^2}{900 \cdot M \cdot \sqrt{T}}, \text{ s. t. } P_s \geqslant P_0 \qquad (5-7)$$

其中 S_{at} 表示重建满意度,P_0 表示最小重建精度要求。由式(5-7)可知:

① 在满足最低重建精度前提下,S_{at} 越大,CS 框架下的压缩观测与重建效率越高,越具有实用价值。

② T_r 越大越好,表示重建时间越短。

③ P_s 越大表示重建信号质量越好,但不能一味追求重建精度而牺牲重建时间。

④ α 越小越好,表明信号压缩比越高。

显然,针对实时应用系统中,时间 T 是一个有着严格要求的指标,因此,要求重建时间尽可能小;而在 DCVS[188] 中参数 α 和 T 都至关重要。因此,应用系统中如何确保 P_s 的前提下,尽可能地减小 α 和 T,使得 S_{at} 增加成为压缩感知理论服务于应用的关键性问题。当前许多重建算法中,倾向于改善重建信号的某一方面的性能指标,而很少考虑两个或更多的重建性能指标。本章 2.4.2 节中提及的各种矩阵都是基于随机性,满足 RIP 条件的观测矩阵,但由于其观测的随机性,求解欠定方程(5-3)~(5-6)显得尤为困难,据目前参考文献提供的重建性能指标中,文献[189]~[192]算法和重建时间的关系如表 5-1 所示。

表 5-1 中数据体现出一个共同特性,在 $PSNR$ 要求较高时,图像的重建时间都较长,最大甚至达到 30 h 以上,在 0.5 观测率时,达到最大满意度的是文献[190]的全变差算法,虽然它重建精度高,但存在重建时间过长的问题,实际中只能针对单一图像处理。重建时间最短的是杨成[192]的 ROMP 算法,但重建$PSNR$ 偏小。通过对表 5-1 的分析不难发现:对于图像信号重建时间基本都在秒级以上,高的 $PSNR$ 性能导致高观测率 α,而大的观测率不利于数据压缩,

显然这些算法距离实时系统的应用要求具有一定距离。

表 5-1 文献[189]~[192]算法重建性能比较

文献	算法	峰值信噪比 PSNR/dB	时间 T/s	观测度 M/N	满意度 S_{at}	源信号
[189]	ISTA	26.73	21.32	0.606	0.28	Lena
	MTWIST	27.82	21.40	0.502	0.37	
	MFISTA	29.13	21.37	0.466	0.44	
[190]	TVp-RLS (p=0.5)	32.8	47.1		0.35	Cameraman
		41.7	49.1		0.55	Aeroplane
		90.1	43.6		2.73	Circles
		38.4	45.0		0.49	Clock
		86.5	44.1		2.50	Shepp-Logan
[191]	MultiscaleStOMP	32.9	64	0.5	0.30	Mondrian (512×512)
	Multiscale BP	34.1	30Hour		0.01	
	Block-based Proposed Algorithm 1	32.9	32		0.43	
	Block-based CS withAlgorithm 1 and Algorithm 2	36.5	300		0.17	
[192]	OMP	29.36	339.30		0.10	Lena
	ROMP	27.02	2.41		1.05	
	SP	29.49	6.40		0.76	
	SAMP(s=50)	29.62	206.25		0.14	
	SAMP(s=100)	29.56	109.26		0.19	
	SASP	29.80	19.20		0.45	

5.3 基于系数贡献度的自适应观测矩阵

5.3.1 信号稀疏线性变换特性

为描述基于系数贡献度的观测矩阵,先定义系数贡献度 ξ:

$$\xi = \frac{\parallel \boldsymbol{\Theta}_\Gamma \parallel_1}{\parallel \boldsymbol{\Theta} \parallel_1} \tag{5-8}$$

式中：

$$\parallel \boldsymbol{\Theta}_\Gamma \parallel_1 = \sum_{i=1}^{k} |\Theta_i| , i \in \Gamma \tag{5-9}$$

Γ 表示 k-稀疏 $\boldsymbol{\Theta}$ 的支撑索引，$\parallel \boldsymbol{\Theta} \parallel_1$ 表示全部系数的 1-范数，

$$\parallel \boldsymbol{\Theta} \parallel_1 = \sum_{i=1}^{N} |\Theta_i| \tag{5-10}$$

显然由于 $\boldsymbol{\Theta}$ 是信号 x 在正交基 $\boldsymbol{\Psi}$ 上的观测，为不失一般性，针对一维信号选择 DCT 作为稀疏基，针对图像信号，选取 DWT 作为稀疏基，因为 DCT 适合于一维离散时间序列变化，而 DWT 具有多尺度和时域频域变换特性，更适合于二维图像信号，而 Curvelet，Ridgelet，Shearlet 等因其变换复杂，稀疏化的系数超过原信号长度，不适合用于对时间有严格要求的二维信号变换中。自然图像的 DWT 变换可以看作信号在给定尺度下的近似线性映射，这种直接变换和反变换引起的误差可以忽略不计，二维 DWT 变换过程基本原理如图 5-1 所示。

$$x \longrightarrow \boxed{\text{DWT}} \longrightarrow \Theta \longrightarrow \boxed{\text{iDWT}} \longrightarrow x$$

图 5-1　x 在 DWT 下的线性映射

因此，若信号重建能恢复出 $\boldsymbol{\Theta}$，则能有效恢复出原信号 x，若 x 满足：

$$x = [\boldsymbol{A}^{cs}]^{-1}\boldsymbol{\Theta} = [\boldsymbol{A}^{cs}]^{-1} \cdot [\Theta_0 + \Theta_1 + \cdots \Theta_k + \cdots \Theta_N]$$
$$\cong [\boldsymbol{A}^{cs}]^{-1}\boldsymbol{\Theta}_\Gamma = [\boldsymbol{A}^{cs}]^{-1} \cdot [\Theta_0 + \Theta_1 + \cdots \Theta_k] \tag{5-11}$$

(5-11)可以称作 x 的 k-稀疏。显然对于 x 的重建，Donoho 给出的观测矩阵 $\boldsymbol{\Phi}$ 和稀疏基 $\boldsymbol{\Psi}$ 精确重构务必满足：(1) $\boldsymbol{\Phi}$ 满足 RIP 特性；(2) $\mu(\boldsymbol{\Phi}, \boldsymbol{\Psi}) = \max\langle \boldsymbol{\Psi}_i^T, I_j \rangle$ 尽可能小。当选取 $\boldsymbol{\Psi}$ 为 $N \times N$ 的 DWT 正交矩阵时，若设计 $\boldsymbol{\Phi}$ 为单位矩阵 $\boldsymbol{I}$ 的某种近似变换 $\tilde{\boldsymbol{I}}$，则确保 $\mu(\boldsymbol{\Phi}, \boldsymbol{\Psi}) = \max\langle \boldsymbol{\Psi}_i^T, I_j \rangle = 1 \in [1, \sqrt{N})$，满足 RIP 条件。因此，若能求出 Θ_Γ，则在 ξ 一定的条件下，利用 IDWT 线性反变换得到重建信号 $\hat{x}$，显然这种线性变换的复杂度取决于 $sup(\boldsymbol{\Theta})$，若稀疏度为 k，则计算复杂度为 $O(N+k)$。

5.3.2　基于系数贡献度算法设计

5.3.2.1　变换基本原理

基于系数贡献度算法充分利用线性运算在信号重建中的简洁性，压缩过程

中采用无损的 RLE 编码,对根据贡献度生成的自适应观测矩阵 $\varGamma$ 进行有效压缩,从而大大提高系统的运算复杂度,基本原理如图 5-2 所示。

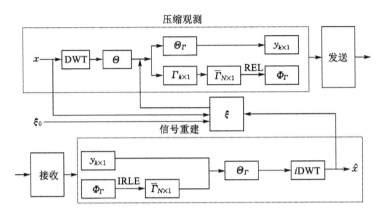

图 5-2　基于系数贡献度的信号压缩采集与重建原理图

在信号的压缩采集端,对信号 x 进行 DWT 变换后得到系数矩阵 $\varTheta$,按照系数贡献度预设值 ξ_0 求解稀疏度 k,可以得到 k-稀疏向量支撑集 $\varTheta_\varGamma = sup(\varTheta)$ 及支持索引集合 $\varGamma$,$\varTheta_\varGamma$ 作为稀疏观测向量 y 输出,$y \in \mathbf{R}^{k \times 1}$。显然 $\varGamma$ 是一个 $k \times 1$ 索引集的向量,通过对 $\varGamma$ 进行适当变换然后引入 RLE 编码,对 $\varGamma$ 进行有效压缩,生成压缩矩阵 $\varPhi_\varGamma$,使得最终输出信号长度更小,以提高信号压缩比,在信号的重建过程相对简单,由于 RLE 是一种简单的无损压缩方式,而且解码非常简单,很容易由 $\varPhi_\varGamma$ 重建出 $\overline{\varGamma}$,再结合输入支撑 y 重建系数矩阵 $\varTheta_\varGamma$,对 $\varTheta_\varGamma$ 进行小波逆变换就可以得到重建信号 $\hat{x}$。

显然由于对系数矩阵 $\varTheta$ 的 k-稀疏近似,$\varTheta$ 中 $(N-k)$ 个小系数被忽略,导致重建信号 $\hat{x}$ 相对于原始信号有一定损失,因此本算法属于有损压缩,为了控制信号的失真,设计中,引入负反馈误差 MSE 来控制系数贡献度 ξ,从而调节输入端的稀疏度 k 以获取自适应的观测压缩矩阵 $\varPhi_\varGamma$。算法中的反馈控制部分是为了增强系统可控性设置的一个外部输入与信噪比共同作用的系数贡献度控制量,以便于实际系统中系统的可调性。

5.3.2.2　算法流程

算法流程中涉及信号重建,因此将算法流程分作信号稀疏观测和重建两部分,分别用伪代码描述。

（1）压缩观测算法流程

为了与前文对应，信号 $x^{m \times n}$ 表示一个 $m \times n$ 的二维信号，总长度 $N = m \times n$，基于系数贡献度的自适应观测算法流程如表 5-2 所示。

表 5-2　基于系数贡献度的自适应观测算法

基于系数贡献度的自适应观测算法

输入：自然信号 $x^{m \times n}$，系数贡献度 ξ_0

Step1：初始化

　　稀疏计数器：$k \leftarrow 0$；观测时间：$t \leftarrow 0$；初始化贡献值：$E_k \leftarrow 0$；

　　开启定时器 $t \leftarrow tic$；

Step2：信号的小波变换

　　① $\Theta^{m \times n} \leftarrow dwt(x)$，$\widetilde{\Theta}^{N \times 1} \leftarrow \Theta^{m \times n}(N = m \times n)$；

　　② 对 $|\widetilde{\Theta}^{N \times 1}|$ 降序排序，$\Theta_\Gamma \leftarrow \mathrm{Sup}(\widetilde{\Theta})$，$\Gamma \leftarrow \mathrm{index}(\Theta_\Gamma)$；

Step3：计算稀疏度 k

　　while $E_k < \xi_0 \cdot |\widetilde{\Theta}|_1$

　　　　$E_k \leftarrow E_k + |\widetilde{\Theta}_k|$

　　　　$k \leftarrow k + 1$；

　　end

　　$y \leftarrow \Theta_\Gamma, \Theta_\Gamma \in R^{k \times 1}$

Step4：Γ 的行程编码

　　（1）扩展 Γ

　　　　$\widetilde{\Gamma} \leftarrow 0, \widetilde{\Gamma} \in R^{N \times 1}$

　　　　$\widetilde{\Gamma} \leftarrow 1, (i \in \Gamma, i = \{1, 2 \cdots N\})$

　　（2）对 $\widetilde{\Gamma}$ 进行行程编码

　　　　$s \leftarrow 0$

　　　　for $i = 1 : N$

　　　　　　if $\Theta_i \neq 0$

　　　　　　　$s = s + 1$；

　　　　　　elseif $s > 0$

　　　　　　　$\Phi_\Gamma \leftarrow \Phi_\Gamma \bigcup \{i, i-s\}$，

　　　　　　　$s = 0$；

　　　　　　end

　　　　end

　　（3）在 Φ_Γ 附加重建矩阵的大小

　　　　$\Phi_\Gamma \leftarrow \Phi_\Gamma \bigcup \{m, n\}$

Step5：关闭编码定时器：$t \leftarrow toc$

Step6：输出观测结果 y，自适应观测矩阵 Φ_Γ 和编码时间 t

　　上述算法流程中,Step2 是为了按照小波稀疏的贡献度以此排序,确保对图像重建影响大的大系数被选入支撑集 Θ_Γ;Step3 为了精确计算信号的稀疏度 k,对于不同的初始贡献度 ξ_0,得到的稀疏度 k 及对应的支撑 Θ_Γ 也不一样;对于不同信号,这也是区别于贪婪算法中的 OMP,CoSaMP 等算法,需要确切输入系数 k,确保算法的收敛;Step4(2) 为了便于行程编码,对 Γ 中的 k 个索引扩展为长度为 N 的符号向量 $\tilde{\Gamma}$,使 $\tilde{\Gamma}$ 的符号位置对应于 Γ,亦即 $\tilde{\Gamma}(\Gamma)=1$,Step4(2) 利用行程编码对 Θ_Γ 中的非零元素求起始位置$(i-s)$及连续非零符号的个数 s,构成于向量的$[\mathrm{Position},s]$矩阵 Φ_Γ;由于 Φ_Γ 自适应于信号 x,因此在信号重建端必须获取这个不断变化的矩阵 Φ_Γ,而对于重建端来说,x 的大小无法得知,因此 Step4(3)将 x 的尺寸一并传输给重建端以方便重建。自适应压缩观测流程示意图如图 5-3 所示。

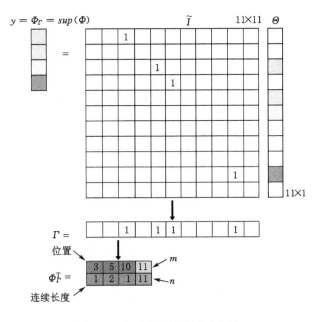

图 5-3　自适应压缩观测示意图

（2）自适应重建算法流程

自适应重建算法流程如表 5-3 所示。

表 5-3　自适应重建算法流程

自适应重建算法流程

输入：观测向量 y，自适应观测矩阵 Φ_Γ

Step1：初始化

$\hat{x},\widetilde{\Gamma} \leftarrow []$，$P_s,\alpha,t \leftarrow 0$；

启动时钟 tic

Step2：重建支撑索引向量 $\widetilde{\Gamma}$

（1）获取重建信号的大小

$m,n \leftarrow \Phi_\Gamma(\text{lastLine})$

（2）对矩阵 Φ_Γ 进行 RLE 解码

$\widetilde{\Gamma} \leftarrow [0]^{mn \times 1}$，$l \leftarrow \text{length}(\Phi_\Gamma)$，$ps \leftarrow 1$

for $i = 1:l-1$

　$pe \leftarrow ps + \Phi_\Gamma(i,2) - 1$；

　$\widetilde{\Gamma}[\Phi_\Gamma(i,1):\Phi_\Gamma(i,1)+\Phi_\Gamma(i,2)-1] \leftarrow y(ps:pe)$

　$ps \leftarrow ps + \Phi_\Gamma(i,2)$

end

Step3：重构信号 $\hat{x}$

$\Gamma \leftarrow [0]^{m \times n}$

$\Gamma \leftarrow \widetilde{\Gamma}$

$\hat{x} \leftarrow idwt(\Gamma)$

$t \leftarrow toc$

Step4：计算 P_s,α

$P \leftarrow PSNR(x,\hat{x})$

$P_s \leftarrow \dfrac{P}{30}$

$TL \leftarrow length(y) + 2 \times l$

$\alpha \leftarrow \dfrac{TL}{m \times n}$

Step5：输出 $\hat{x},\alpha,t,P_s$

自适应重建算法相对于编码过程显得简单得多，步骤 2 主要实现了对压缩观测矩阵的精确重建；步骤 3 直接根据地址指针将观测输入向量 y 填充到 Φ_Γ 所指示的行向量中，恢复出小波系数向量 $\widetilde{\Gamma}$，然后经重排，反变换得到重建信号 $\hat{x}$。

5.3.3　观测率与计算复杂度分析

5.3.3.1　重建复杂度分析

从整个压缩观测和信号重建过程中可以看出，Φ_Γ 其实是 Θ_Γ 的索引 Γ 构建的观测矩阵，具有一维线性对应关系，而对索引采用的 RLE 压缩方式，属于无损压缩,因此,利用观测输出 y 和 Φ_r 的 RLE 解码向量 $\widetilde{\Gamma}$ 即可无损恢复出 $\widetilde{\Theta}$;显然重建信号 $\hat{x}$ 是对向量 $\widetilde{\Gamma}$ 重排为 $m \times n$ 后的矩阵小波逆变换,整个过程一直做线性变换,不涉及高维矩阵的乘法,编码中主要涉及求解 k 稀疏和 RLE 编码,复杂度为 $O(N+k)$;重建过程中主要涉及对 k 支撑向量的重新稀疏表示,复杂度近似为 $O(k)$,因此整个压缩观测与重建复杂度为 $O(N+2k)$,大大低于现有文献[160] 提出的 $O(MN)$,重建时间相应地大大缩短。

5.3.3.2　观测率分析

CS 框架在实际应用中,必然会遇到信号压缩采集过程中对原始数据的压缩比问题,在确保重建信号不失真的前提下(PSNR>30 dB),压缩观测率 α 比值越小越好,即压缩率越高越好,对于贪婪算法和凸优化算法中,采用的观测矩阵,其观测率定义为:

$$\alpha = \frac{m \times n}{n \times n} = \frac{m}{n} (m \ll n) \tag{5-11}$$

显然,在信号 $x^{m \times n}$ 稀疏度 k 未知的情况下,m 具有很大的不确定性,Candès 的文献中,要求 $m \geqslant k \log(n/k)$,为了确保有较高的重构概率,通常取值 $m = (3\sim4) \cdot k$。若取 $m = 3k$,则随机观测矩阵的观测率为:

$$\alpha = \frac{3k}{n} \tag{5-12}$$

在本算法中,对线路上的实际数据进行了分析。从图 5-2 中不难发现,压缩采集端最终被发送的数据为观测输出向量 y 和自适应压缩观测矩阵 Φ_r,为了便于计算线路数据量,本书用数据长度算子 $L(x)$ 表示信号 x 的长度,用符号 ω 表示由观测矩阵产生的数据量,L_all 表示线路总数据量。由 5.2.1 小节可知:

$$k = L(y) = sup(\Theta) \tag{5-13}$$

设 $\omega = L(\Phi_r)$,下边对 ω 的取值展开讨论。

先讨论 2 种极限情况:

① 当 k 个支撑互不相邻时:

$$\omega = k(1_{pos} + 1_{length}) + 2_{mn} = 2k + 2 \tag{5-14}$$

此时,线路总数据量:

$$L\_all = L(y) + L(\Phi_r) = 3k + 2 \tag{5-15}$$

② 当 k 个支撑完全相邻时:

$$\omega = (1_{pos} + 1_k) + 2_{mn} = 4 \tag{5-16}$$

线路总数据量:

$$L\_all = L(y) + L(\Phi_\Gamma) = k + 4 \tag{5-17}$$

前两种分布属于极限分布情况,在 DWT 二维系数中,DWT 变换的性质决定了情况①不会出现,情况②只有在选择极低的系数贡献度 ξ_0 时,才有可能使得 k 个大系数连续分布,而此时由于过低的 k 图像基本无法重建。下面讨论一般性分布问题。

③ 当 k 个支撑任意地分布在 $\tilde{\Gamma}$ 中,若有 S 组,每组不少于 2 个支撑临近,$S = \{s_i, i = 1, 2, \cdots, q, q \in [1, k]\}$,假定任意组 s_i 连续支撑个数为 a_i,分别用 ω_s 和 ω_c 表示 $\tilde{\Gamma}$ 中独立分布和连续分布时的支撑个数。则独立分布的支撑个数为:

$$R_{em} = k - \sum_{i=1}^{q} a_i \tag{5-18}$$

根据情况①:

$$\omega_s = 2R_{em} = 2\left(k - \sum_{i=1}^{q} a_i\right) \tag{5-19}$$

根据情况②:

$$\omega_c = q \times (1_{pos} + 1_{length}) = 2q \tag{5-20}$$

此时,总的线路数据量:

$$L\_all = L(y) + L(\Phi_\Gamma) = k + \omega_s + \omega_c + 2 = 3k + 2q - 2\sum_{i=1}^{q} a_i \tag{5-21}$$

显然,对于(5-18),当 $q = 1$ 时,a_i 必然等于 k,此时,$L\_all = k + 2$;当 $q = k$ 时,a_i 必然等于 1,此时,$L\_all = 3k + 2$。这与式(5-15)和式(5-17)的结论是相符的。

因此,基于系数贡献度的自适应观测矩阵观测率为:

$$\alpha = \frac{3k + 2q - 2\sum\limits_{i=1}^{q} a_i}{m \times n} \tag{5-22}$$

注意到当信号非稀疏时,即当 $k \to N$ 时,$m \times n = N$,此时式(5-22)变为:

$$\max_{k \to N}(\alpha) = \frac{3k + 2q - 2\sum\limits_{i=1}^{q} a_i}{m \times n} = \frac{3N + 2 - 2}{N} = 3 \tag{5-23}$$

$$(q = 1, a = 1, N = m \times n)$$

这说明,对于一个非稀松系数矩阵,不但不能压缩数据,反而增加了线路负荷,由此可见信号的稀疏表示在 CS 框架中十分重要。

考虑到实际二维信号的系数矩阵 $N\gg k\gg 1$，因此 $\alpha\in\left(\dfrac{k}{m\times n},\dfrac{3k}{m\times n}\right)$。对于长度为 n 的一维信号，$\alpha\in\left(\dfrac{k}{n},\dfrac{3k}{n}\right)$，与传统高斯观测矩阵的线路观测率式 (5-9) 比较，有明显的压缩比改善。

5.3.3.3　信号重建质量分析

从信号的稀疏表示与重建来看，由于贪婪算法和凸优化算法均在某种程度上采用了无限逼近的原则来对原信号进行近似，达到精确重建信号的目的，因此重建误差 $norm(x-\hat{x})\to 0$，却无法精确到零。而本算法中，采用的一维线性运算，未知量和解的个数存在一一映射关系，因此从精度上来说，可以完全无误差重建，使得 $norm(x-\hat{x})=0$，因此，本算法的重建精度高于求解非线性方程的随机类传统观测矩阵。

从观测矩阵设计来看，传统的基于凸优化和贪婪思想的算法使得观测矩阵与观测输入进行若干次乘积，当观测信号很大时，则对应的观测矩阵也随之增长，所消耗的内存将以二次方增长，运算时间也以平方增长，显然这对于二维的压缩感知应用是不现实的，尤其在 WSN 网络及其由其他类型无源设备构成的网络中，节点的能耗和数据处理能力是难以容忍的。因此，基于随机观测矩阵的恢复算法往往需要对一个大尺寸图分块处理，以减少运算量和提高数据处理能力。而这种图像的分块，直接导致了图像出现若干块的局部最优现象，一旦设定了观测率，生成的系数 k 将受制于观测度 m，使不同图像块的重建效果各不相同，尤其对于低频集中图像，将出现严重失真。

而基于系数贡献度的算法思想一开始就直接从全局考虑，将全局的稀疏支撑进行最优化考虑，系数 k 取决于全体系数中若干大系数的集体贡献率。不同的图像，即使有相同的系数贡献度，也产生不同的 k 支撑，支撑自适应图像内容的变化，不再受制于观测率 m，而且信号重建不涉及复杂的乘法运算而只有一维的线性求解，因此对内存和处理能力要求要小得多。通过 5.3 的实验就能明显看出这种结果。

5.4　CCBAM 相关实验

本节主要从一维时域稀疏信号和二维信号分别对传统的随机观测和 CCBAM 观测方法，分别从重建时间 T，重建信噪比 $PSNR$，观测率 α 以及重建

满意度 S_{at} 能总体表征图像重建性能的四个方面进行了比较。

5.4.1 一维时域稀疏信号重建性能比较

实验然选用信号幅度为 ± 1 的一维时域脉冲信号，为了利于观测重建时间，本实验中使稀疏度和信号长度各扩展 10 倍，即 $k=300$，$N=2560$。Donoho，Candès[12-14] 等人虽然证明了 $M \geqslant k\log(N/k)$ 有较高的信号重建概率，但为确保信号顺利重建，当采用 $M \geqslant k\log(N/\sqrt{k})$ 进行适当放宽时，完全满足信号重建的观测条件，而且重建概率较前者高，因此它只是一个趋近于边界条件的经验式。分别采用贪婪算法的 OMP，CoSaMP 算法，基于凸优化的 SL0[87,167]，SPGL1[84] 算法及基于全变分法的增广拉格朗日全变分法（TVAL3）与本书提出的 CCBAM 重建算法，从重建时间 T，重建 PSNR，重建观测率 α 和重建满意度 S_{at} 方面进行比较。需要说明的是，由于本章中的观测矩阵采用了 RLE 编码方法，所以在重建中需要采用 RLE 解码，当前所有算法均无法对其解码，因此，本章设计的算法与 CCBAM 矩阵设计相对应。

5.4.1.1 无噪一维时域稀疏信号的观测与重建

首先考虑在无噪声条件下，OMP，CoSaMP，SL0，SPGL1 和 CCBAM 重建算法的重建性能指标。观测矩阵的观测度 $\alpha=0.586$，重建算法的误差阈值为 10^{-4}。采用高斯、Toeplitz、随机对称符号矩阵三类矩阵分别进行观测。其中高斯观测下各种算法的重建结果分别如图 5-4(a)～(e)所示。表 5-2 比较了各种算法在不同观测矩阵下的重建性能指标。

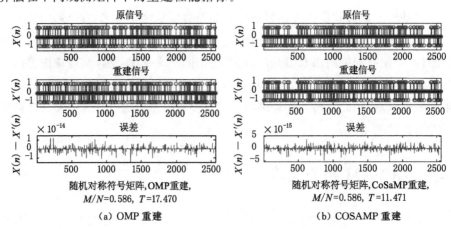

（a）OMP 重建　　　　　　　　（b）COSAMP 重建

图 5-4　时域稀疏信号重建效果比较

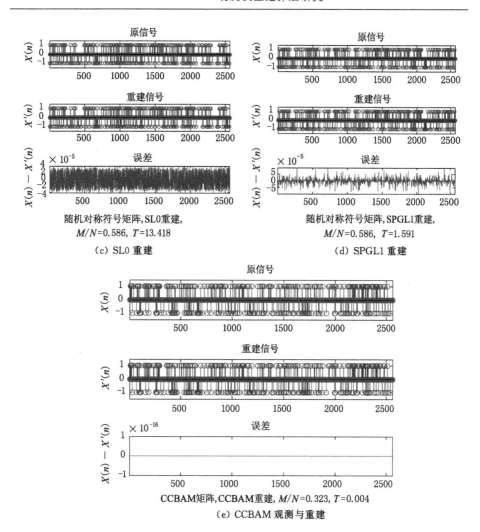

（c）SL0 重建

（d）SPGL1 重建

（e）CCBAM 观测与重建

图 5-4（续） 时域稀疏信号重建效果比较

表 5-4 各种观测及重建性能比较

重建算法	观测矩阵	$N=2560, k=300$				
		$PSNR$	MSE	T	$\alpha=M/N$	重建满意度 S_{at}
OMP	随机高斯	297.379	1.83E－30	15.138	0.586	1.118
	Toeplitz	297.557	1.76E－30	14.973	0.586	1.131
	随机对称符号	297.897	1.62E－30	17.470	0.586	1.094

表 5-4(续)

| 重建算法 | 观测矩阵 | $N=2560, k=300$ | | | | |
		$PSNR$	MSE	T	$\alpha=M/N$	重建满意度 S_{at}
COSAMP	随机高斯	44.480	3.72E−05	10.248	0.586	0.247
	Toeplitz	305.858	2.60E−31	10.623	0.586	1.639
	随机对称符号	307.067	1.96E−31	11.471	0.586	1.527
SL0	随机高斯	92.822	5.22E−10	12.285	0.586	0.430
	Toeplitz	92.998	5.01E−10	12.441	0.586	0.426
	随机对称符号	91.920	6.43E−10	13.418	0.586	0.392
SPGL1	随机高斯	134.731	3.36E−14	2.102	0.586	3.648
	Toeplitz	137.069	1.96E−14	1.972	0.586	3.958
	随机对称符号	98.761	1.33E−10	1.591	0.586	3.225
CCBAM	CCBAM	inf	0.00E+00	0.004	0.323	inf

从图 5-4 和表 5-4 的实验数据可知,OMP 算法作为贪婪算法的原型算法,具有较好的重建满意度;CoSaMP 算法因为无法预知其稀疏度,与 OMP 算法相比,虽然具有较快的收敛速度,但因为其过早收敛导致重建精度大大降低,因此综合性能指标低于 OMP 算法;作为凸优化思想的 SL0 算法是其原型算法,由于 SL0 的收敛在信号具有光滑特性时具有最佳性能[87,167],而本实验中的信号采用了非连续不光滑信号,因此重建满意度最低,而 SPGL1 算法[84]从采用梯度最速下降法进行逼近收敛,克服了信号不连续引起的收敛误差,具有较快的收率速度和次高的重建满意度,从数据中也可以看出它是除 CCBAM 算法外最优的;最后,CCBAM 算法由于其在无噪条件下的完全线性运算,因此属于精确重建,具有快的收敛速度,而且没有重建误差,因此具有极好的重建满意度。

5.4.1.2 有噪条件下的一维时域稀疏信号重建

在实验 5.3.1.1 中,给原始信号增加幅度为 10% 的高斯噪声,重建算法的噪声阈值设置为 10^{-4},采用 SL0,BPDN(实质为 SPGL1 求解方程(5-6)),TVAL3 算法在不同观测率 $\alpha, \alpha \in \{0.2, 0.3, \cdots, 0.9\}$ 下对应于 CCBAM 在不同系数贡献度 $\xi, \xi \in \{0.2, 0.3, \cdots, 0.9\}$ 的抗噪能力,比较它们的抗噪能力,观测矩阵只选用相对性能较好的随机对称符号矩阵及 CCBAM 矩阵作为对比矩阵;

SL0,BPDN,TVAL3 的噪声门限仍然设置为 10^{-4}。重建效果分别如图 5-5(a)～(d)和表 5-5 所示。

表 5-5 四种重建算法随 M/N 变化的性能比较

输入观测 M/N	重建算法	$PSNR$	MSE	T	输出 M/N	综合指标
				$N=2560,10\%$高斯噪声		
0.1	SL0	16.24	0.13	1.56	0.10	2.34
	SPGL1	16.93	0.14	1.35	0.10	2.74
	TVAL3	9.80	0.16	1.79	0.10	0.80
	CCBAM	11.94	0.10	0.00	0.05	100.12
0.2	SL0	17.15	0.12	2.25	0.20	1.09
	SPGL1	17.22	0.11	4.13	0.20	0.81
	TVAL3	10.35	0.17	2.12	0.20	0.41
	CCBAM	12.77	0.09	0.00	0.10	57.25
0.3	SL0	18.49	0.11	3.64	0.30	0.66
	SPGL1	16.65	0.08	4.03	0.30	0.51
	TVAL3	12.04	0.15	2.37	0.30	0.35
	CCBAM	14.38	0.07	0.00	0.15	34.26
0.4	SL0	18.45	0.06	5.94	0.40	0.39
	SPGL1	17.62	0.05	9.92	0.40	0.27
	TVAL3	12.63	0.12	2.59	0.40	0.28
	CCBAM	15.77	0.05	0.00	0.20	30.90
0.5	SL0	22.21	0.02	9.00	0.50	0.37
	SPGL1	20.22	0.02	9.12	0.50	0.30
	TVAL3	14.95	0.09	2.96	0.50	0.29
	CCBAM	17.41	0.03	0.00	0.26	28.95
0.6	SL0	22.76	0.01	14.56	0.60	0.25
	SPGL1	21.03	0.01	16.35	0.60	0.20
	TVAL3	17.05	0.07	3.28	0.60	0.30
	CCBAM	24.64	0.01	0.00	0.32	38.47

表 5-5(续)

N＝2560,10％高斯噪声

输入观测 M/N	重建算法	PSNR	MSE	T	输出 M/N	综合指标
0.7	SL0	22.45	0.01	19.07	0.70	0.18
	SPGL1	21.76	0.01	15.47	0.70	0.19
	TVAL3	18.30	0.04	3.60	0.70	0.28
	CCBAM	26.00	0.01	0.00	0.45	30.48
0.8	SL0	22.17	0.01	23.90	0.80	0.14
	SPGL1	22.05	0.01	19.36	0.80	0.15
	TVAL3	20.40	0.02	3.78	0.80	0.30
	CCBAM	23.31	0.01	0.01	0.75	11.39
0.9	SL0	22.05	0.01	29.82	0.90	0.11
	SPGL1	22.02	0.01	31.25	0.90	0.11
	TVAL3	21.18	0.01	4.11	0.90	0.27
	CCBAM	22.69	0.01	0.01	0.99	6.46

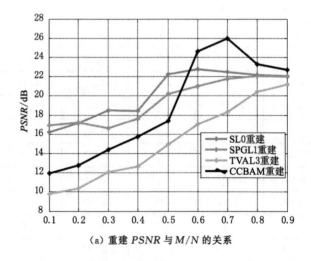

（a）重建 PSNR 与 M/N 的关系

图 5-5　重建性能曲线比较

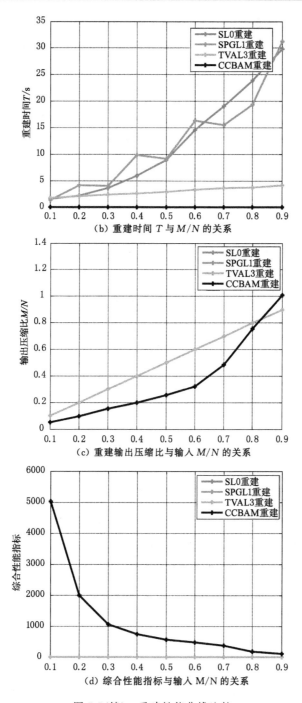

（b）重建时间 T 与 M/N 的关系

（c）重建输出压缩比与输入 M/N 的关系

（d）综合性能指标与输入 M/N 的关系

图 5-5(续)   重建性能曲线比较

从表 5-3 和图 5-5 可以看出,随着 M/N 的增加,SL0,SPGL1,TVAL3 重建 $PSNR$ 随之增大,但趋近于 22 dB,而 CCBAM 也随着 M/N 的增大而增大,当 M/N 大于 0.6 时,其输出 $PSNR$ 优于前三者,然而,随着 M/N 的增加,这种线性观测势必会吸收大噪声系数的贡献度,因此信噪比逐渐下降,但仍优于前三者。从重建时间方面来看,随着 M/N 的增加,SL0,SPGL1,TVAL3 重建时间都随之增大,SPGL1 和 SL0 运算时间迅速增大,而 TVAL3 缓慢线性增长;而对于 CCBAM,相对于前三者的运算时间,由于它求解线性方程,计算复杂度最低,因此运算时间是最少的,当然,随着观测率的增加,其运算时间也在增大。从输出压缩比来看,SL0,SPGL1,TVAL3 算法采用的线性观测,因此其输出压缩比即为输入观测时的压缩比,而对于 CCBAM,压缩比在小于 0.9 时,输出观测率 α 明显小于线性观测的压缩率,这意味着,具有更大的压缩效率;当 M/N 大于 0.9 时,输出观测率趋近于 $M/N=1$,这与 5.2 节(5-23)的结论是一致的,即线路整体压缩率在不断增大,甚至超过原有信号长度。从重建满意度来看,显然 CCBAM 由于其极小的重建时间,为重建满意度 S_{at} 做出了很大贡献,使得 CCBAM 的 S_{at} 远大于 SL0、SPGL1 和 TVAL3。不过从 $PSNR,T$ 的性能比较也可以看出,虽然在 M/N 小于 0.5 时具有很大的 S_{at},但其重建 $PSNR$ 却较低,并不能满足需求,只有充分考虑到了 $PSNR$ 和 T,才能得到满意的重建效果。

5.4.2 无噪二维图像信号的重建性能比较

实验选取 Lena,Peppers,Babara,Plane 作为标准对照图片,同时从超过 300 张矿山背景图片中抽取 4 张具有极限条件并带有普遍代表意义的煤矿行业图片。分别取煤矿特殊环境下光照不足的"低照度",人物面部具有大量粉尘的"矿工",具有高斯分布特征的"煤炭"和具有视觉模糊的开采工作面"综采"图片,信号稀疏基选用小波基,观测矩阵仍然采用高斯矩阵、Teoplitz 矩阵、随机对称符号矩阵和本章设计的 CCBAM 矩阵,重建算法选用 OMP、CoSaMP、SPGL1 和自适应观测矩阵重建算法,分别从重建时间,重建 $PSNR$,重建观测率和重建满意度方面进行比较。

5.4.2.1 原图及其小波稀疏分布特征分析

所选用的四幅标准图以及具有煤矿特征的图及其小波系数分布分别如图 5-6 和图 5-7 所示。这 8 张图片分别具有纹理特征、边缘特征及高斯统计特征,能代表绝大多数图像。对这 8 幅图像进行 sym8 的小波变化,并按照小波稀疏绝对值的大小降序排序,得到图 5-7。从这些小波系数分布中可以看出,对信号其主要贡献的大系数大都集中在图像的 100×100 的区域内,即对信号贡献度影响最大的大系数仅仅分布在变换域系数的前 20% 左右,值得一提的是,具有高斯统计特征的"煤炭"其大系数分布的区域比其他系数分布区域大得多,这也决定了信号恢复所需要的代价。

(a) Lena   (b) Peppers   (c) Babara   (d) Plane

(e) 低照度   (f) 矿工   (g) 煤炭   (h) 工作面

图 5-6　原图

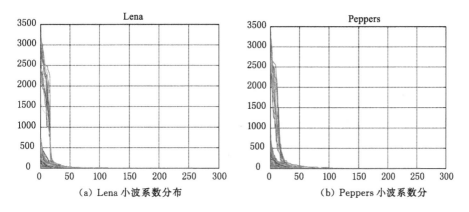

(a) Lena 小波系数分布   (b) Peppers 小波系数分

图 5-7　各图小波系数降序分布

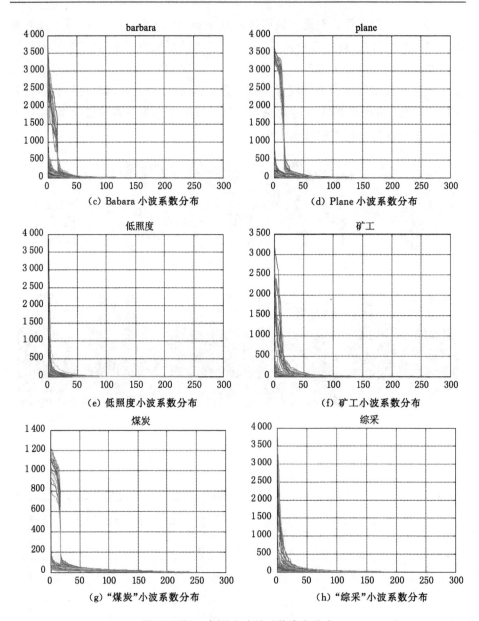

图 5-7(续)　各图小波稀系数降序分布

5.4.2.2　无噪图像的重建性能比较

　　针对上述 8 幅图像,实验仍采用 OMP、COSAMP、SL0、SPGL1、TVAL3 和本章设计的 CCBAM 算法进行信号重建,分别在重建峰值信噪比 $PSNR$、重

建时间 T、重建均方误差 MSE、重建满意度方面展开比较,其中误差阈值设置
为 10^{-4},观测 M/N 对重建质量的影响。重建效果如图 5-8 所示。

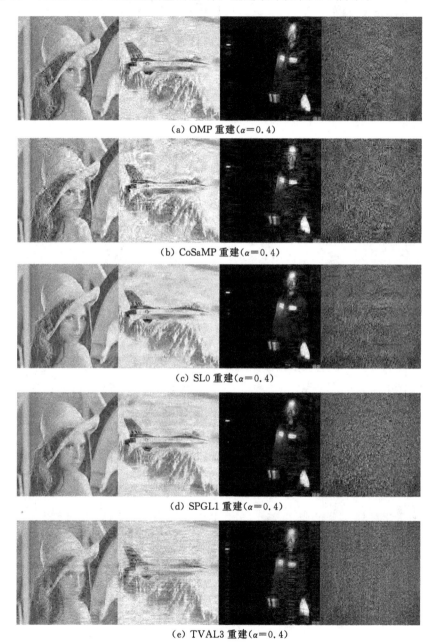

(a) OMP 重建($\alpha=0.4$)

(b) CoSaMP 重建($\alpha=0.4$)

(c) SL0 重建($\alpha=0.4$)

(d) SPGL1 重建($\alpha=0.4$)

(e) TVAL3 重建($\alpha=0.4$)

图 5-8 六种算法下重建效果比较($\alpha=0.4$,$\xi=0.4$)

(f) CCBAM 重建($\xi=0.4$)

图 5-8(续)　六种算法下重建效果比较($\alpha=0.4$，$\xi=0.4$)

当增大输入 $\alpha=M/N=0.8$ 时，抽取的 Lena、Plane、低照度、煤炭 4 图的重建效果如图 5-9 所示。

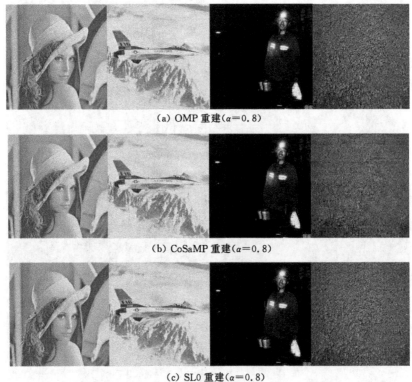

(a) OMP 重建($\alpha=0.8$)

(b) CoSaMP 重建($\alpha=0.8$)

(c) SL0 重建($\alpha=0.8$)

图 5-9　六种算法下重建效果比较($\alpha=0.8$，$\xi=0.8$)

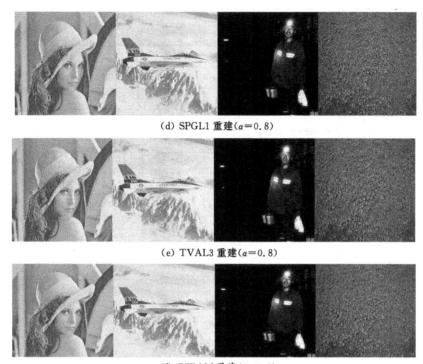

(d) SPGL1 重建($\alpha=0.8$)

(e) TVAL3 重建($\alpha=0.8$)

(f) CCBAM 重建($\xi=0.8$)

图 5-9(续)　六种算法下重建效果比较($\alpha=0.8$，$\xi=0.8$)

　　为了更详尽地体现各种算法的性能，表 5-6 列举了各种算法在 $\alpha\in\{0.2$，$0.3,\cdots,0.8\}$时，$PSNR$，T，MSE，重建满意度 S_{at} 的实验结果。

表 5-6　　　　　　　　　各种重建算法重建性能比较

图像	输入 M/N	重建算法	$PSNR$	MSE	T	输出 M/N	重建 满意度
Lena	0.2	OMP	11.33	4792.63	13.10	0.20	0.02
		COSAMP	13.57	2860.71	3.46	0.20	0.13
		SL0	10.45	5864.48	0.98	0.20	0.27
		SPGL1	10.66	5589.57	0.09	0.20	3.03
		TVAL3	18.70	876.51	15.14	0.20	0.06
		CCBAM	10.28	6103.26	0.05	0.00	35.84

表 5-6(续)

图像	输入 M/N	重建算法	PSNR	MSE	T	输出 M/N	重建满意度
Lena	0.3	OMP	22.28	384.83	27.17	0.30	0.04
		COSAMP	18.32	957.16	8.20	0.30	0.08
		SL0	25.25	194.28	1.59	0.30	0.81
		SPGL1	31.00	51.61	0.13	0.30	14.49
		TVAL3	24.57	226.80	14.93	0.30	0.08
		CCBAM	12.98	3273.86	0.05	0.00	57.71
	0.4	OMP	35.42	18.66	47.73	0.40	0.05
		COSAMP	31.28	48.42	17.29	0.40	0.10
		SL0	38.53	9.12	2.41	0.40	1.08
		SPGL1	35.28	19.29	0.19	0.40	11.53
		TVAL3	31.52	45.78	13.00	0.40	0.13
		CCBAM	17.80	1080.15	0.05	0.00	104.39
	0.5	OMP	39.78	6.84	48.05	0.50	0.05
		COSAMP	37.76	10.89	29.25	0.50	0.08
		SL0	41.91	4.19	3.24	0.50	0.85
		SPGL1	41.21	4.92	0.25	0.50	10.75
		TVAL3	34.67	22.21	13.12	0.50	0.14
		CCBAM	29.40	74.74	0.07	0.01	157.76
	0.6	OMP	42.00	4.11	53.03	0.60	0.05
		COSAMP	40.35	6.00	58.94	0.60	0.04
		SL0	44.89	2.11	3.80	0.60	0.76
		SPGL1	43.98	2.60	0.32	0.60	8.67
		TVAL3	37.63	11.24	12.98	0.60	0.16
		CCBAM	37.85	10.68	0.06	0.02	176.73
	0.7	OMP	44.62	2.25	50.07	0.70	0.05
		COSAMP	43.46	2.93	88.81	0.70	0.03
		SL0	47.83	1.07	4.91	0.70	0.62
		SPGL1	47.09	1.27	0.39	0.70	7.53
		TVAL3	40.60	5.67	12.79	0.70	0.17
		CCBAM	43.40	2.98	0.06	0.06	130.38

表 5-6(续)

图像	输入 M/N	重建算法	$PSNR$	MSE	T	输出 M/N	重建满意度
Lena	0.8	OMP	46.60	1.42	54.30	0.80	0.05
		COSAMP	47.28	1.22	145.63	0.80	0.02
		SL0	51.12	0.50	6.20	0.80	0.52
		SPGL1	50.33	0.60	0.47	0.80	6.77
		TVAL3	44.84	2.13	13.16	0.80	0.19
		CCBAM	52.06	0.40	0.13	0.21	53.10
Plane	0.2	OMP	7.18	12461.30	14.16	0.20	0.01
		COSAMP	7.25	12245.87	3.46	0.20	0.04
		SL0	6.33	15147.64	0.96	0.20	0.10
		SPGL1	8.00	10303.44	0.09	0.20	1.73
		TVAL3	16.89	1330.99	15.36	0.20	0.05
		CCBAM	6.34	15095.31	0.05	0.00	13.25
	0.3	OMP	29.66	70.25	27.43	0.30	0.06
		COSAMP	28.56	90.52	8.20	0.30	0.20
		SL0	14.78	2165.44	1.60	0.30	0.28
		SPGL1	10.25	6137.59	0.13	0.30	1.62
		TVAL3	23.71	276.90	14.88	0.30	0.08
		CCBAM	8.97	8244.11	0.05	0.00	27.10
	0.4	OMP	31.57	45.25	48.87	0.40	0.04
		COSAMP	28.54	91.06	17.44	0.40	0.08
		SL0	34.83	21.39	2.40	0.40	0.89
		SPGL1	29.65	70.49	0.19	0.40	8.11
		TVAL3	25.71	174.44	13.57	0.40	0.09
		CCBAM	11.94	4164.44	0.05	0.00	47.78
	0.5	OMP	35.42	18.66	47.36	0.50	0.04
		COSAMP	31.53	45.68	29.10	0.50	0.05
		SL0	39.10	8.01	3.12	0.50	0.77
		SPGL1	31.81	42.89	0.25	0.50	6.48
		TVAL3	29.95	65.74	12.95	0.50	0.11
		CCBAM	18.90	836.85	0.06	0.01	69.97

图像	输入 M/N	重建算法	$PSNR$	MSE	T	输出 M/N	重建满意度
Plane	0.6	OMP	38.71	8.76	51.71	0.60	0.04
		COSAMP	36.51	14.52	57.95	0.60	0.03
		SL0	42.01	4.10	3.85	0.60	0.66
		SPGL1	37.29	12.14	0.32	0.60	6.26
		TVAL3	33.08	31.99	13.03	0.60	0.12
		CCBAM	34.52	22.95	0.07	0.02	147.89
	0.7	OMP	41.68	4.41	53.25	0.70	0.04
		COSAMP	42.12	3.99	89.47	0.70	0.03
		SL0	45.21	1.96	4.89	0.70	0.55
		SPGL1	40.51	5.79	0.38	0.70	5.75
		TVAL3	36.46	14.70	13.05	0.70	0.13
		CCBAM	40.65	5.60	0.07	0.05	112.79
	0.8	OMP	43.20	3.11	53.64	0.80	0.04
		COSAMP	44.13	2.51	141.82	0.80	0.02
		SL0	48.37	0.95	6.24	0.80	0.47
		SPGL1	46.29	1.53	0.45	0.80	5.95
		TVAL3	40.00	6.51	13.33	0.80	0.15
		CCBAM	49.37	0.75	0.14	0.21	43.47
低照度	0.2	OMP	31.31	48.05	10.49	0.20	0.23
		COSAMP	23.33	301.82	2.88	0.20	0.47
		SL0	29.07	80.57	0.81	0.20	2.56
		SPGL1	30.31	60.60	0.09	0.20	25.10
		TVAL3	26.59	142.53	15.00	0.20	0.12
		CCBAM	34.49	23.15	0.06	0.00	364.10
	0.3	OMP	34.05	25.60	21.68	0.30	0.11
		COSAMP	31.12	50.21	6.81	0.30	0.29
		SL0	36.18	15.67	1.50	0.30	1.77
		SPGL1	37.17	12.47	0.13	0.30	21.48
		TVAL3	31.50	46.07	14.60	0.30	0.14
		CCBAM	37.21	12.36	0.05	0.01	330.77

图像	输入 M/N	重建算法	$PSNR$	MSE	T	输出 M/N	重建 满意度
低照度	0.4	OMP	35.49	18.38	37.81	0.40	0.06
		COSAMP	35.49	18.39	14.07	0.40	0.16
		SL0	41.42	4.69	2.36	0.40	1.27
		SPGL1	36.85	13.42	0.19	0.40	12.71
		TVAL3	32.62	35.59	13.45	0.40	0.14
		CCBAM	40.17	6.26	0.06	0.02	243.16
	0.5	OMP	42.17	3.95	38.37	0.50	0.07
		COSAMP	40.39	5.95	23.26	0.50	0.11
		SL0	44.56	2.27	2.93	0.50	1.06
		SPGL1	41.46	4.65	0.24	0.50	11.30
		TVAL3	35.88	16.81	12.86	0.50	0.16
		CCBAM	41.80	4.30	0.06	0.03	182.09
Plane	0.6	OMP	45.61	1.79	40.68	0.60	0.07
		COSAMP	42.48	3.68	46.66	0.60	0.06
		SL0	46.51	1.45	3.67	0.60	0.85
		SPGL1	46.81	1.35	0.31	0.60	10.25
		TVAL3	41.31	4.81	12.23	0.60	0.20
		CCBAM	46.05	1.61	0.06	0.04	190.84
	0.7	OMP	49.96	0.66	41.94	0.70	0.08
		COSAMP	48.25	0.97	70.10	0.70	0.04
		SL0	54.37	0.24	4.67	0.70	0.84
		SPGL1	49.38	0.75	0.37	0.70	8.75
		TVAL3	43.90	2.65	11.66	0.70	0.22
		CCBAM	52.64	0.35	0.07	0.07	177.77
	0.8	OMP	51.53	0.46	42.92	0.80	0.08
		COSAMP	52.21	0.39	108.59	0.80	0.03
		SL0	58.59	0.09	5.95	0.80	0.72
		SPGL1	54.94	0.21	0.44	0.80	8.54
		TVAL3	49.25	0.77	11.04	0.80	0.27
		CCBAM	60.73	0.06	0.09	0.13	126.97

图像	输入 M/N	重建算法	PSNR	MSE	T	输出 M/N	重建满意度
煤炭	0.2	OMP	17.00	1298.34	13.13	0.20	0.05
		COSAMP	19.41	744.53	3.44	0.20	0.27
		SL0	17.01	1295.82	0.95	0.20	0.75
		SPGL1	15.31	1914.16	0.09	0.20	6.36
		TVAL3	27.72	110.02	15.23	0.20	0.12
		CCBAM	36.39	14.93	0.05	0.01	307.05
	0.3	OMP	19.12	796.60	28.54	0.30	0.03
		COSAMP	31.99	41.15	8.24	0.30	0.25
		SL0	28.43	93.29	1.56	0.30	1.05
		SPGL1	28.19	98.67	0.14	0.30	11.80
		TVAL3	31.85	42.44	15.07	0.30	0.14
		CCBAM	39.57	7.18	0.09	0.07	76.94
	0.4	OMP	34.17	24.91	47.54	0.40	0.04
		COSAMP	32.30	38.25	17.50	0.40	0.10
		SL0	32.22	38.97	2.50	0.40	0.73
		SPGL1	32.70	34.89	0.19	0.40	9.66
		TVAL3	34.81	21.46	14.22	0.40	0.15
		CCBAM	41.33	4.79	0.10	0.16	49.77
	0.5	OMP	34.57	22.70	47.52	0.50	0.04
		COSAMP	33.29	30.48	29.28	0.50	0.06
		SL0	37.10	12.69	3.14	0.50	0.69
		SPGL1	36.81	13.56	0.25	0.50	8.64
		TVAL3	35.10	20.09	13.99	0.50	0.14
		CCBAM	43.10	3.19	0.15	0.27	26.37
	0.6	OMP	35.34	19.03	49.96	0.60	0.04
		COSAMP	33.68	27.85	59.37	0.60	0.03
		SL0	37.53	11.49	3.82	0.60	0.53
		SPGL1	37.15	12.53	0.32	0.60	6.15
		TVAL3	36.16	15.75	14.21	0.60	0.13
		CCBAM	44.77	2.17	0.26	0.39	13.69

图像	输入 M/N	重建算法	$PSNR$	MSE	T	输出 M/N	重建满意度
煤炭	0.7	OMP	36.26	15.40	53.03	0.70	0.03
		COSAMP	35.08	20.17	89.51	0.70	0.02
		SL0	37.98	10.34	4.82	0.70	0.40
		SPGL1	38.51	9.16	0.39	0.70	5.02
		TVAL3	37.05	12.83	14.66	0.70	0.12
		CCBAM	46.93	1.32	0.41	0.54	8.10
	0.8	OMP	37.43	11.75	53.47	0.80	0.03
		COSAMP	35.79	17.16	144.30	0.80	0.01
		SL0	39.39	7.48	6.31	0.80	0.31
		SPGL1	40.46	5.84	0.47	0.80	4.32
		TVAL3	37.35	11.97	15.91	0.80	0.11
		CCBAM	51.59	0.45	0.80	0.79	4.13

用 6 种重建算法对 Lena 图像进行重建,重建性能如图 5-10 所示。

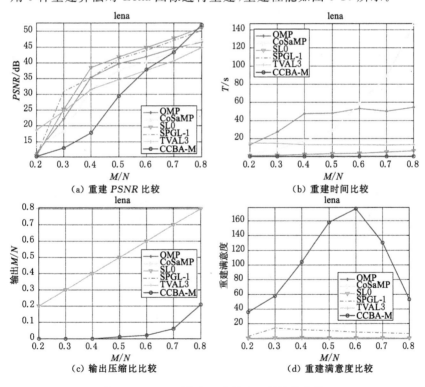

（a）重建 $PSNR$ 比较　　　　　（b）重建时间比较

（c）输出压缩比比较　　　　　（d）重建满意度比较

图 5-10　Lena 图像在六种算法下的性能曲线

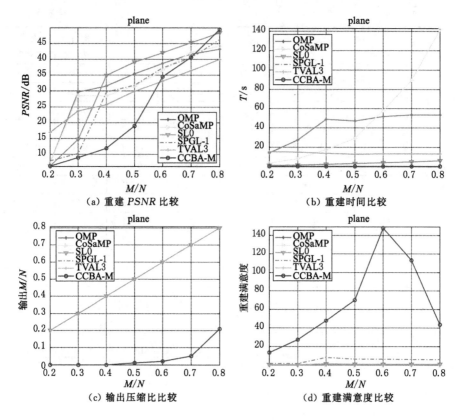

（a）重建 *PSNR* 比较　　　　　（b）重建时间比较

（c）输出压缩比比较　　　　　（d）重建满意度比较

图 5-11　Plane 图像在六种算法下的性能曲线

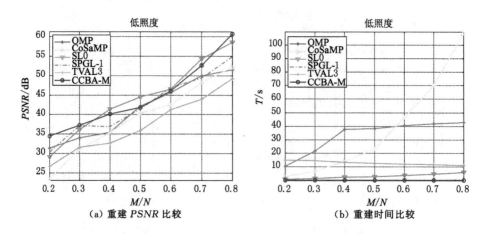

（a）重建 *PSNR* 比较　　　　　（b）重建时间比较

图 5-12　"低照度"图像在六种算法下的性能曲线

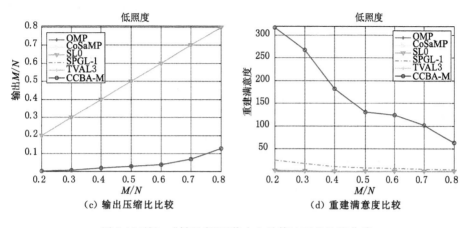

（c）输出压缩比比较　　　　　（d）重建满意度比较

图 5-12（续）　"低照度"图像在六种算法下的性能曲线

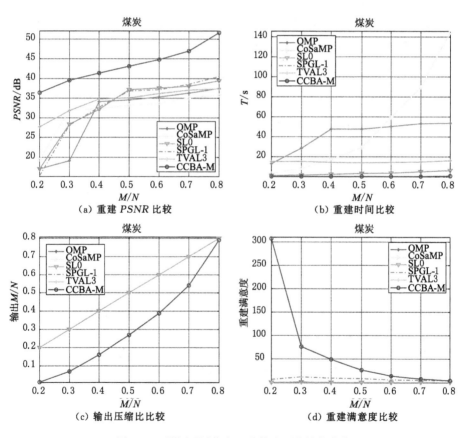

（a）重建 PSNR 比较　　　　　（b）重建时间比较

（c）输出压缩比比较　　　　　（d）重建满意度比较

图 5-13　"煤炭"图像在六种算法下的性能曲线

从图 5-10～5-13 和表 5-4 的实验数据可以看出,在重建 $PSNR$ 方面,各种算法都随着 M/N 增大而增大,其中 CCBAM 算法当输出 M/N 大于 0.1 时,同比其他算法,达到其他算法 $M/N=0.8$ 时的性能,甚至表现得更好;而且 CCBAM 算法针对背景特征不明显,光照度低的图片重建,具有很高的压缩效率,但对于具有高斯分布特征的图像,输出观测与输入观测率基本呈线性关系;在满足 $PSNR$ 要求的前提下,尽可能减少观测度,显然,这种做法使得其他算法很难满足性能要求,而在具有煤矿背景的特殊场景中,适合于海量传感器数据压缩采集。从重建时间方面来看,CCBAM 具有最优的重建时间,比其他重建算法快得多,更接近于实际应用,当然 SPGL1 在无噪时也表现出良好的重建性能,当 M/N 足够大时(>0.7),重建时间逼近甚至优于 CCBAM。从输出 M/N 与输入 M/N 关系来看,前五种重建算法基本成 1:1 的关系,使得观测度增加,线路数据成比例增加,压缩效率低下,而 CCBAM 则表现出优异的压缩性能,输出观测率 $\alpha_o \ll \alpha_i$,但也应当看到当 M/N 超过 0.8 时,其压缩效率反而下降,重建时间高于 SPGL1。从重建满意度来看,CCBAM 的重建满意度都大于其他五种算法,但其复杂性由 $PSNR$,T 和 α_o 共同决定,而非简单的线性关系,因此并不意味着满意度 S_{at} 越大越好,而是完全取决于应用需求。

5.4.3 有噪二维图像信号的重建性能比较

本实验部分,只选取 Lena 图像作为原始图像,在增加噪声 $1\%～10\%$ 的情形下,选取观测率 $M/N=0.8$,比较 SL0,SPGL1,TVAL3 和 CCBAM 算法的抗噪声能力,其中 SL0,SPGL1,TVAL3 的噪声阈值仍然设置为 10^{-3},阈值参数 $\tau=0.1$。

5.4.3.1 抗噪能力比较

SL0($PSNR=35.89$)　　SPGL1($PSNR=35.84$)　　TVAL3($PSNR=32.58$)　　CCBAM($PSNR=34.83$)

图 5-14　各种算法去噪比较($M/N=0.8$ noise$=1\%$)

SL0(*PSNR*=25.14)　　SPGL1(*PSNR*=25.77)　　TVAL3(*PSNR*=24.77)　　CCBAM(*PSNR*=27.03)

图 5-15　各种算法去噪比较(M/N=0.8 noise=5%)

SL0(*PSNR*=19.56)　　SPGL1(*PSNR*=20.22)　　TVAL3(*PSNR*=19.54)　　CCBAM(*PSNR*=21.94)

图 5-16　各种算法去噪比较(M/N=0.8 noise=10%)

表 5-7　四种算法抗噪性能比较

噪声/%	算　法	*PSNR*	*MSE*	*T*	重建满意度
			M/N=0.8　Lena		
1	SL0	35.89	15.21	6.22	0.72
	SPGL1	35.84	15.37	122.01	0.16
	TVAL3	32.58	34.52	15.44	0.38
	BBCAM	34.83	19.51	0.11	19.61
5	SL0	25.14	199.14	6.22	0.35
	SPGL1	25.77	172.40	122.35	0.08
	TVAL3	24.77	216.96	16.78	0.21
	BBCAM	27.03	131.97	0.62	1.44
10	SL0	19.56	719.68	6.21	0.21
	SPGL1	20.22	618.92	122.66	0.05
	TVAL3	19.54	723.67	17.25	0.13
	BBCAM	21.94	581.27	0.88	0.65

由图 5-14～5-16 及表 5-7 的实验结果可知，SL0，SPGL1 具有相似的抗噪性能，它们略优于 TVAL3，而 CCBAM 性能为四者中最优；从重建时间上来看，SPGL1 的性能最差，重建时间超过 122 s，当然在有噪情况下，SPGL1 的重建精度与阈值参数选择有关（SPGL1 具有很高的阈值敏感性）；其次是 TVAL3 和 SL0，重建时间在 10 s 左右，最快的为 CCBAM，重建时间低于 1 s。因此，从重建满意度来看，CCBAM 的满意度明显高于其他三种重建算法。从应用角度出发，CCBAM 具有更好的抗噪能力和更短的重建时间，比较适合现实应用。

5.4.4　基于 CCBAM 算法的矿山图像重建

5.4.4.1　矿山背景图片对比实验

矿山背景图像，尤其井下图像，由于其光源为人工灯光照射而非自然光源，具有典型的光照不均、模糊、和高斯现象严重等特征，显然这类图像的重建无法追求重建质量。而在井下视频监控中，对实时性要求却很高，这就要求算法具备很高的重建速度，当然受制于井下的特殊条件，数据的高压缩率也是必须考虑的因素之一。从前文的对比实验可以发现，CCBAM 刚好能满足这种特点条件下的要求。这里选择 4 幅标准图像和 26 幅矿山背景特征的煤矿图片展开对比性实验，利用 CCBAM 对它们进行重建，重建系数贡献度 $\xi=(0.5,0.8,0.9)$，重建效果如图 5-17 所示。

5.4.4.2　矿山背景图片重建性能分析

从前文的对比实验中可以看出，当前基于非线性优化思想的算法在有噪情况下很难满足应用需求。

从图 5-17(a～c)的重建效果中可以看出，当 $\xi=0.5$ 时，图像重建质量 $PSNR$ 平均为 27 dB，标准图像的 $PSNR$ 为 26 dB，煤矿图像的 $PSNR$ 大致为 28 dB 左右，其中 8 幅超过 30 dB，最高达到 35 dB 基本满足重建需求；从重建时间来看，所有图像基本都少于 0.15 s，只有具有典型高斯分布特征的(26)在 0.5 s，从重建输出观测率来看，基本都在 0.2 以下，压缩率高，同样高斯分布特征的(26)图其输出观测率偏高，达 0.45。随着 ξ 的增大，重建图像的整体 $PSNR$ 均得到大幅提升，而重建时间也随之增加，输出观测率也增加。$\xi=0.8$ 时，平均重建时间达到 0.5 s，输出观测率为 0.5；$\xi=0.9$ 时，平均重建时间达到 1.5 s，输出观测率为 0.8，此时值得注意的是，编号为(1)，(5)，(8)等 8 幅子图的输出观测率超过 1，即出现 $\alpha_o>1$ 的现象，显然此时，数据没有得到压缩，反而

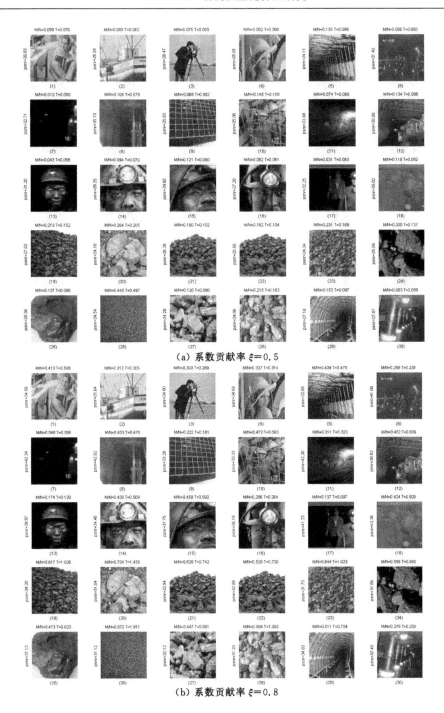

(a) 系数贡献率 ξ=0.5

(b) 系数贡献率 ξ=0.8

图 5-17　不同系数贡献度下的重建效果比较

（c）系数贡献率 $\xi=0.9$

续图 5-17　不同系数贡献度下的重建效果比较（$\xi=(0.5,0.8,0.9)$）

增加了数据量，这是过高的输入系数贡献度要求导致的，与前文理论分析结果一致。因此，在煤矿背景下，应当适当降低对 $PSNR$ 的要求来换取重建时间和高的数据压缩比。将 ξ 选择在 0.5～0.6 之间能兼顾 $PSNR$，T 和输出观测率 α_o 的要求。

5.4.5　CCBAM 重建性能分析

通过上述大量实验，利用一维、二维的无噪以及有噪信号对比实验，CCBAM 算法明显优于基于非线性求解算法的性能，尤其在重建时间上表现出优异，对于在相同输出压缩率，且压缩率大于 0.2 时，CCBAM 的重建性能优于其他重建算法。在相同重建精度下，CCBAM 的输出压缩比明显高于其他算法。但也注意到，在系数贡献度要求过低（低于 50%）时，其重建精度效果不佳，这是因为，过低的贡献度要求只能获取大系数中的一部分，使得重建信号失真严重。当对系数贡献度要求很高时，由于观测矩阵的 RLE 原理导致过编码，出现输出压缩比 $\alpha_o>1$ 的现象，压缩率严重下降，性能不如其他算法，如

图 5-17(c)所示。

在物联网背景下的矿山通信中,井下带宽成为制约信息采集的最大瓶颈,因此保持高的数据压缩率是煤矿井下数据采集的重要目标之一,CCBAM 通过设置小的 ξ 能基本满足该要求,同时还能提高重建效率。

但过低的支撑率要直接导致信号重构中大量必需的稀疏支撑的缺失,严重影响信号重建质量。针对 CCBAM 的这一问题,若能有效对稀疏支撑进行适当补偿,则能有效克服这种失真现象,因此本书提出增强的 CCBAM 算法。

5.5　增强 CCBAM 算法

由于 CCBAM 采用了根据系数贡献度从全局总系数挑选 k 个大系数,其具有全局最优性,而对对应的观测矩阵采用无损的 RLE 编码进行压缩,使得信号的重建是一个完全线性运算的过程,使得计算复杂度极低。通过 5.2 的理论分析和 5.3 的各类实验比较,证明了 CCBAM 具有很好的压缩性能、快速运算能力及抗噪声能力。但是在 CCBAM 的观测中,只挑选出了绝对大的 k 个系数,而将其他系数置零,这使得重建信号的低频成分被大部分损失,重建精度降低。若在保证 k 个大系数的情形下,再从剔除的小系数域中挑选出一部分系数作为补充,则能有效地补充原有算法带来的损失。

5.5.1　增强 CCBAM 算法原理

CCBAM 增强的基本思想就是在残余的系数中挑选若干大系数填充到原队列中去,以减少重建误差,而充填回去的数据并非原始序列中的数据,而是与原序列近似的数据,这样也能保证重建精度。

设系数集合为 Θ,$s=\{s_1,s_2,\cdots,s_i,s_N\}$ 表示全体系数的集合,Θ 中 k 个绝对大系数组成的集合为 $\Theta_\Gamma=\sup(\Theta)$,$\Gamma$ 为稀疏支撑的索引集合,剩余系数的集合为 Θ_τ,则:

$$\Theta=\Theta_\Gamma \bigcup \Theta_\tau,\Upsilon\in\{s\backslash\Gamma\} \tag{5-24}$$

$s\backslash\Gamma$ 表示从集合 s 去除集合 Γ 的集合,用 Υ 表示。对图像的小波系数分析可看出,当对小波系数按照贡献度大小排序后,其能量衰减近似服从指数衰减,如图 5-18(a)所示,假定这种衰减用指数函数 $f(x)$ 表示,有:

$$f(x)=c \cdot e^{\frac{-x^2}{2\sigma^2}} \tag{5-25}$$

其中，c 表示小波衰减常数；σ 表示服从 $(0\sim N)$ 分布的高斯噪声；x 表示系数的分布距离。则当 $x\to\infty$ 时，有 $\lim\limits_{x\to\infty}f(x)=0$，而当 x 足够大时，$f(x)$ 可近似为一条斜率为 κ 的直线，$\kappa\in(-\chi,0)$，$\chi:\mapsto0$，$\chi:\mapsto0$ 表示一个很小，趋近于零的常量。则：

$$\lim\limits_{x\to\infty}f(x)\approx-\kappa x+\hbar \tag{5-26}$$

其中 $\hbar$ 表示一个正的常量，确保 $\lim\limits_{x\to\infty}f(x)\mapsto+0$。近似过程如图 5-18(b) 所示。

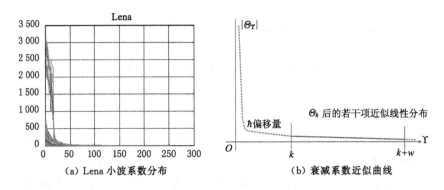

(a) Lena 小波系数分布　　　　　　(b) 衰减系数近似曲线

图 5-18　增强 CCBAM 算法等效模型

假定按照系数贡献度原则对 k-稀疏信号进行 w-稀疏补偿，使得补偿后的信号重建具有更好的 $PSNR$。由图 5-18(b) 可知，在区间 $\Upsilon\in(k,k+w)$ 之间的曲线可以近似等效为斜率极小的一维线性直线方程，如式 (5-26)。若 $\widetilde{\Upsilon}=\{\Theta_{k+1},\Theta_{k+2},\cdots,\Theta_{k+w}\}$，$\widetilde{\Upsilon}\subset\Upsilon$，$\widetilde{\Upsilon}$ 表示 $\sup(\Theta)$ 的补集 Θ_Υ 中的 w 个大系数，显然，对于向量 $\widetilde{\Upsilon}$，只需要求得 Θ_{k+1} 和 Θ_{k+w}，利用线性关系式，则可以求得其他各项：

$$\widetilde{\Theta_{\widetilde{\Upsilon}}}=\left(\ \lvert\Theta_{k+1}\rvert-(k+i)\frac{\lvert\Theta_{k+1}\rvert-\lvert\Theta_{k+w}\rvert}{w}\right)\cdot I_{w\times1},i\in\{1,2,\cdots,w\} \tag{5-27}$$

显然由 (5-27) 得到的 $\widetilde{\Theta_{\widetilde{\Upsilon}}}$ 是原 $\Theta_{\widetilde{\Upsilon}}$ 的幅度近似，虽然有误差，但是这个误差很小，几乎可以忽略不计；因此，求解 $\widetilde{\Theta_{\widetilde{\Upsilon}}}$ 可以看作是剩余 $N-k$ 的 w-稀疏，根据 (5-8) 系数贡献度定义，容易求得 w 及 Θ_{k+w}，从而根据 (5-27) 得到 Θ_Υ。但是，向量 Θ_Υ 只反映了大系数的幅度，而未能反映对应系数的极性，而小波系数中，若干系数是负极性的值，因此，需要将对应的 w 个系数的极性和真实的位置索引作为参量采集传输；显然极性信号是典型的双极性信号波形，而索引序列是

一个绝对的正值向量,故此系数的极性可以附加在索引中进行合并传输,使得:

$$\Theta_T = V_{polarity} \underset{\leftrightarrow}{\otimes} \tilde{T} \tag{5-28}$$

式中,"$\underset{\leftrightarrow}{\otimes}$"表示点积.这样以节省一半的传输量。因此,带补偿的观测率为:

$$\alpha = \frac{3k + 2q - 2\sum_{i=1}^{q} a_i + w + 1}{m \times n} \tag{5-29}$$

与(5-15)比较,以牺牲$\frac{w+1}{m \times n}$为代价,换取w稀疏的补偿。补偿原理如图 5-19
所示,图中增加补偿调节反馈系数a,用来控制图像输出质量。

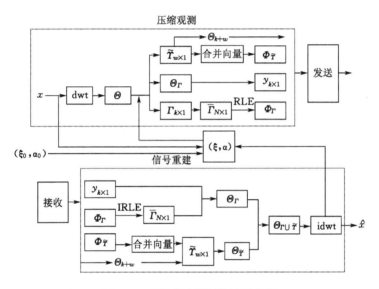

图 5-19 CCBAM 增强算法原理图

5.5.2 CCBAM 增强算法性能比较

在 5.3 节中,通过分析和实验证明了 CCBAM 在观测率、重建 $PSNR$、T
和抗噪声性能方面上都具有一定的优势,因此本节实验主要针对 CCBAM 原
型与 CCBAM 增强型进行性能比较。实验仍然选取 5.3 节中的 Lena、Plane、
"低照度"和"煤炭"作为实验图像,分别比较在系数贡献度 $\xi \in \{0.2, 0.3, \cdots,$
$0.8\}$与补偿贡献度 $\xi' \in \{0.5, 0.6, 0.7, 0.8\}$时图像的重建 $PSNR$,这里,补偿贡
献度被定义为补偿的支撑 $sup(\Theta_{\tilde{T}})$ 的 1-范数占剩余全部系数 1-范数的比值。

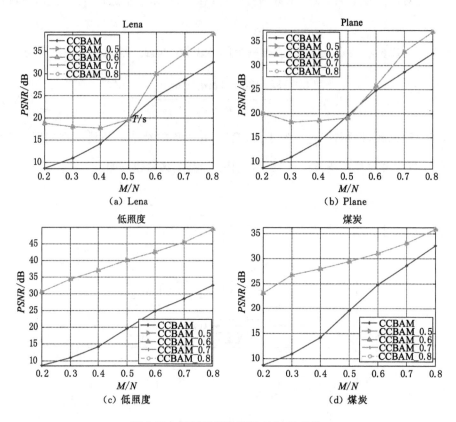

图 5-20　不同补偿度下的 PSNR 比较

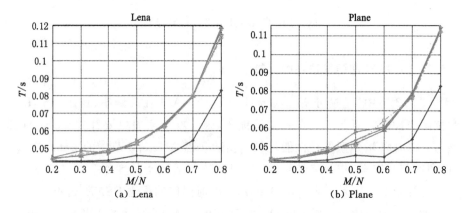

图 5-21　不同补偿的重建时间比较

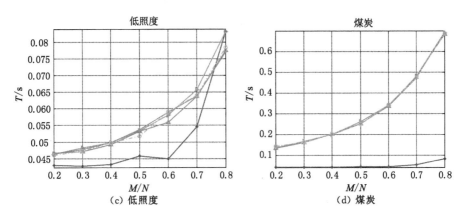

图 5-21(续)   不同补偿的重建时间比较

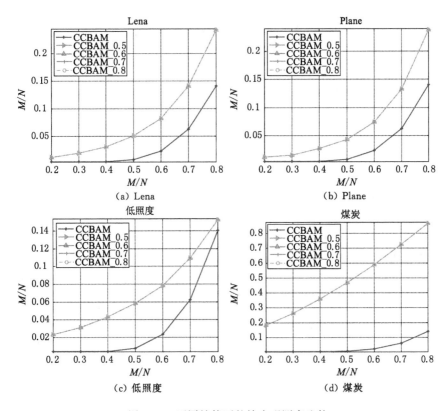

图 5-22   不同补偿下的输出观测率比较

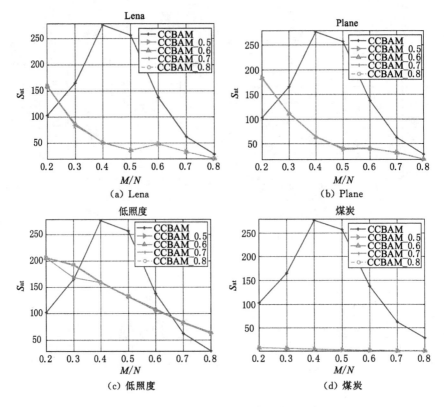

图 5-23　不同补偿下的重建满意度比较

5.5.3　实验数据分析

　　由图 5-20 至图 5-23 的比较可知,增强的 CCBAM 算法在重建信号 *PSNR* 方面具有明显的改善,但这种改善是以牺牲输出观测率和重建时间为代价的,在系数贡献度一定时,不同的补偿率具有相近的改善效果,并不应为补偿率的增大而对信号的重建性能产生大的影响,而对信号重建起决定作用的还是前 k 个大支撑系数。随着系数贡献度的增加,k 随之增加,重建信号质量逐步改善。对于 Lena 和 Plane,在小支撑贡献度和大支撑贡献度时,对信号改善作用明显,而对于 50% 左右的系数贡献度并无明显改善;而对于没有明显轮廓的特征的如"低照度"图像和具有高斯分布特征的"煤炭"图像,这种性能改善是非常明显的,而同时付出的计算时间和观测输出也呈现出线性增长的趋势,在 $\xi<0.3$ 时,重建满意度优于 CCBAM 不做补偿的情况;对于"煤炭"图形,重建效果是

以牺牲大的输出观测率为代价的。从整体来看,输出观测率均低于输入观测率,对数据有良好的压缩效果.对于具有煤矿背景特征的图像,采用低于 0.3 的系数贡献度并以 50% 的补偿,就能取得确保图像有较高的信噪比改善($PSNR \geqslant 28$ dB),又能保证有大的输出压缩比($\alpha_0 > 5$)和毫秒级的重建时间。

5.6　小结

本章在分析信号在小波变换域系数的分布特征基础上,提出了 CCBAM 自适应观测重建算法,将非线性重建问题转换为线性重建问题,将计算复杂度从 $O(MN)$ 降低为 $O(N+2k)$,$(k \ll N)$。大量的实验仿真证明,该算法在重建时间、压缩比、重建质量方面同比优于当前几种典型的凸优化和基追踪算法。在相同重建精度下,数据压缩比降低 20% ~ 50%。为克服 CCBAM 算法中低贡献度带来的高频失真问题,本书进一步提出一种增强的 CCBAM 方法(E-CCBAM),充分利用信号在稀疏域分布上服从指数衰减的特性,对若干连续高阶系数的衰减进行线性逼近,并快速补偿 CCBAM 中的高频失真从而大大改善信号的重建精度,而计算复杂度仅有 $O(N+2k+w)$,$(k \ll N, w \ll N)$。

6　多尺度 1-bit 压缩感知算法研究

6.1　引言

煤矿物联网系统实时在线采集的各类设备、环境、人员监控信息是安全生产监控管理的重要依据。然而,随着物联网技术在工业监控领域的引入,几何基数倍增的传感器采集得到海量数据中,突变信号作为一种十分重要的监控特征信号,具有幅值突变、不连续和持续时间短等特征,这种信号常常用来反映生产环境中的潜在威胁和生产设备中的潜在故障,如高速转动的轴承破裂信号、地震前兆波信号[193],煤炭开采中的瓦斯突出前的瓦斯浓度频繁波动信号和冒顶前的顶板压力信号[194]等,属于优先级最高的关键特征信号,绝不允许错采样和丢失,否则企业无法预知潜在的危险,这有可能导致重大安全生产事故如瓦斯爆炸的发生。从而要求信号采集设备必须具备足够的灵敏度和测量精度,这显然增加了信息采集、传输、处理和存储各个阶段的负担,无疑给系统的可靠运行带来致命冲击。如何有效压缩各种实时监控数据,有效保留敏感信息是物联网背景下煤矿安全监控面临的核心问题。本章针对煤矿安全监控面临的问题,结合本书提出的 CCBAM 观测方法,提出了多尺度 1-bit 压缩感知技术以解决实时监控中数据压缩采集的问题。

6.2　矿山物联网面临的挑战

6.2.1　矿山物联网应用需求

随着国家对安全生产管理要求日益严格和企业管理的精细化,实时监控监管成为矿山信息化建设的必然需求。传统意义上的监控系统只负担矿级数据的采集分析及本地数据的存储处理,无法满足集团级和省级甚至国家级的联网监管需求。实时监控监管需求势必需要更多、更全面、更综合的现场信息。而这些严苛的需求对数据采集、传输和存储带来巨大的应用挑战。以安徽淮北矿业集团公司为例,该公司要求对下属的 26 个生产煤矿数据实时集中监管,导致公司内网网络流量激增,网络带宽面临巨大挑战;同时各矿汇集到集团公司中心实时数据服务器的监测监控数据急剧膨胀,给集团公司数据服务器的处理和存储甚至稳定性带来巨大的挑战。通过在芦岭,桃园等矿的实际测试,无压缩的历史数据平均增长大于 120 M/d。随着"物联网"理念被引入煤矿安全生产,矿山物联网(mine of things,MoT)[3-7] 监控体系下的各类数据再度几何倍增,若再考虑到省市级和国家级的安全监管联网需求,显然现有监控系统的数据采集传输模式根本无法满足要求。因此,高效压缩采集各类实时数据,将数据采集转变为信息采集,成为解决这种海量信息需求的唯一途径。

煤矿安全生产过程中长年累月采集的监控数据属于典型的时间序列数据,通常由以下三类数据组成:模拟数据输入、开关量输入、开关量输出。模拟数据常包括瓦斯、温度、氧气、风速、压力等数据;开关量输入常用于指示设备的开停状态、系统的运行状态等;开关量输出常用于控制生产设备的开停[195]。这些数据反映了真实的生产环境和监控系统相关设备的运行状态,如环境温度、瓦斯、风速、传感器反馈控制、系统辨识、系统建模、过程监视、故障检测与诊断、监督和质量控制、人员培训、生产计划及决策支持等,含有高维复杂信息可被用于多种数据分析,这些海量数据存储将耗用大量的设备及网络资源,严重影响监控系统的运行效率,然而这些数据中大部分数据没有显著的变化特征,具有良好的可压缩性,因此必须对这些数据进行有效压缩,以提高系统的稳定性和运行效率。

以淮北朱庄 005A02_III5416 工作面 T2 测点为例,长期连续生产中产生的海量监控数据形成的历史曲线如图 6-1 所示。

6.2.2　传统监控系统数据采集模型

传统的井下多个监控系统相互独立并行运行,各系统终端传感器或无源节点依赖其上一级专用分站将采集到的信号统一转换为以太网接口信号并通过井下环网将数据送至地面各个独立运行的应用服务器,实现各系统的独自工作。而对于无井下环网的小型煤矿,则需要独立建立多套彼此孤立的网络用于系统的独立运行,模型如图 6-2 所示。这些系统绝大部分仅用于工业生产的局

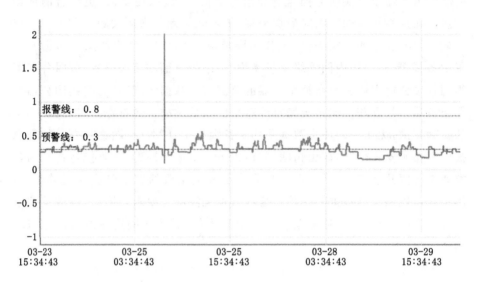

图 6-1 淮北朱庄矿朱庄 005A02_III5416 工作面 T2 测点历史曲线

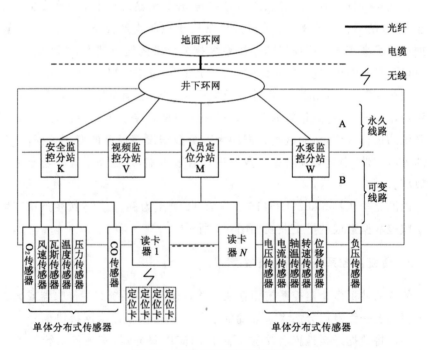

图 6-2 传统井下监控系统模型

部信息监控,采集信息量少,采用工业以太网+总线结构已经能满足生产需求。随着物联网技术在煤矿生产中的应用,用于生产过程、安全环境、人员、设备等异构复杂传感器所采集的实时监控数据(语音、视频信息以及人员与人员、人员与设备、设备与设备间的交互信息)将呈现几何倍数的增长,这些海量数据对煤矿现有的网络传输线路和设备以及数据处理和存储设备都将形成巨大挑战。以淮北矿业集团临涣矿为例,目前常见安全数据类型达 50 多种,传感器数量达到 1 500 多个,日数据量达 580 M。若考虑到其他用于生产保障的监测监控系统,所涉及的传感器种类和数量将至少以一个数量级增加,因此,当面临急剧增长的带宽需求时,在数据源至井下环网间(线路 A,B)的总线网络直接面临严重的传输瓶颈。另一方面,这些被采集数据在地面数据处理中心将很大部分因信息量低而被舍弃,造成巨大的资源浪费。因此,传统的监控系统布局模式存在投资大、扩容困难、资源浪费严重的现象。

要克服物联网矿山面临的海量数据传输所面临的瓶颈问题,如前文所述,最可行的办法在于对采集数据进行有效压缩,以降低线路数据传输压力。

6.2.3　传统数据压缩方法

本书将压缩感知以外的数据压缩方法归结为传统数据压缩方法,传统数据压缩算法的研究已有几十年的历史,据统计,各种各样的数据压缩方法可达 30～40 种。这些压缩方法按编码的失真程度、编码建模两个大的方向,又分别被分类为若干类,目前基本按照第一类区分方法进行分类[212]。

无失真数据压缩,其特征是原始数据可由压缩数据无失真地完全重建,这类方法主要用于文件压缩等方面。有失真数据压缩,其特征是原始数据不能由压缩数据完全重建,恢复数据只是在某种失真度下的近似,这类编码方法在图像通信系统和视频娱乐设备中广泛应用,目前研究的热点及大多数数据压缩方法属于这一类。按照压缩损失分类方法,主要的数据压缩方法及其分类如图 6-3 所示。针对煤矿海量过程数据,常用的压缩方法有:矩形波串法、后向斜率法、矩形波串法和后向斜率法的组合算法、SDT 算法、PLOT 算法等[195],文献[197,198]及相关文献中分别详细阐述了数据压缩算法的分类和原理,此处不再赘述。

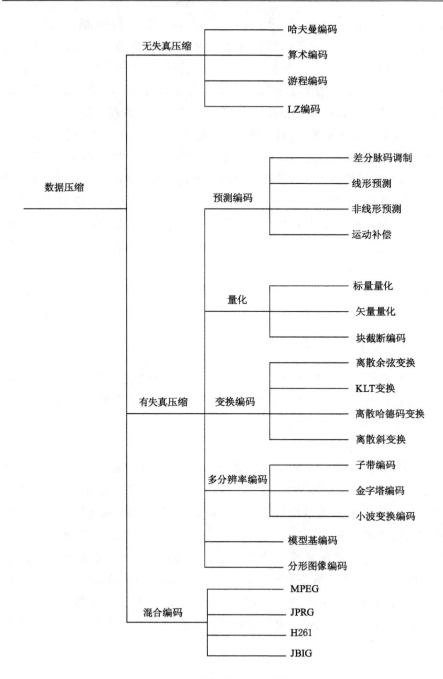

图 6-3　数据压缩方法的分类

6.3　多尺度 1-bit 压缩感知算法

压缩感知理论的某些抽象结论源于 Kashin 创立的范函分析和逼近论[199]。CS 的两个核心内容是稀疏性（sparsity）和不相关性（incoherence）；前者是 CS 实现的前提，是信号本身的特性，后者是 CS 测量方案可行的条件。当前压缩感知的应用研究因为重建计算复杂度问题，在实时信号压缩采集中尚处于理论研究阶段，仍然是一个热门研究课题。而压缩感知理论的重要学术分支 1-bit 压缩感知（1-bitCS）[200-204]，因其在处理一维时间信号方面具有明显的优势而备受重视，成为 CS 应用领域研究的一个热点方向，国内外学者进行了大量深入研究并取得了可观成果。

6.3.1　1-bit 压缩感知算法

压缩感知信号重建过程中，当满足 RIP[67] 条件时，可以对 $\min \| x \|_0$ 转换为求具有凸优化特性的 $\min \| x \|_1$，在考虑噪声情况下，本质是求解：

$$\hat{x} = \arg \min \| x \|_1 \ \text{s. t.} \ \| y - \Phi x \|_2 \leqslant \varepsilon \tag{6-1}$$

对于均匀量化，若量化间隔为 Δ，则要求量化噪声 ε 满足 $\Delta \leqslant \sqrt{\dfrac{M\Delta^2}{12}}$。其中，$M$ 表示量化间隔数。在此前提下，重建误差范数的上确界可表示为 $\| x - \hat{x} \|_2 \leqslant C\varepsilon$，$C$ 是只与观测矩阵 Φ 有关，与信号无关的一个常量[12-14]。

实际中，用增广拉格朗日公式去对式（6-1）去凸约束，可进一步优化为：

$$\hat{x} = \arg \min_x \| x \|_1 + \frac{\lambda}{2} \| y - \Phi x \|_2^2 \tag{6-2}$$

式（6-2）中的 λ 随式（6-1）中的 ε 增大而减小，但无论式（6-1）还是式（6-2），在无先验支持的前提下，都无法准确获得其具体值，当把 ε 看作引入的量化噪声时，则均匀量化噪声大小应该满足 $\| n_i \|_2 \leqslant \varepsilon$，因此，重建信号 $\hat{x}$ 满足：

$$|(\Phi x - y)_i| \leqslant \frac{\Delta}{2} \tag{6-3}$$

与 ΔM 调制相似，式（6-3）是一个典型的与给定门限电压 l 的 1-bit 量化器，这个判决电平通常取 0，此时式（6-3）可进一步变为：

$$y_i = \begin{cases} +1, & \Phi x > l \\ -1, & \Phi x < l \end{cases} \tag{6-4}$$

引入符号函数：

$$sign(x) = \begin{cases} 1, & x>0 \\ [-1,1], & x=0 \\ -1, & x<0 \end{cases} \tag{6-5}$$

式(6-4)可等价为：

$$y_i = sing((\Phi x) - l) \tag{6-6}$$

若假定 l，则有 $y_i = sign(\langle \varphi_i, x \rangle)$ 也即 $y = sign(\Phi x)$ 亦有：

$$y \cdot sign(\Phi x) \geqslant 0 \tag{6-7}$$

进一步，结合式(6-1)，将重建信号 $\hat{x}$ 表示为：

$$\hat{x} = \arg \min_x \| x \|_1 + \lambda \sum_i ((Y\Phi x)_i) \quad s.t. \quad \| x \|_2 = 1 \tag{6-8}$$

其中 $Y = diag(y)$，引入代价函数：

$$\cos t(x) = g(x) + \lambda \sum f(x_i) \tag{6-9}$$

式(6-8)转化为：

$$\cos t(x) = g(x) + \lambda f(y\Phi x) \tag{6-10}$$

因此，求解(6-10)，使得 $\cos t'(x) = 0$，求得最小值：

$$0 = g'(x) + \lambda (Y\Phi)^{\mathrm{T}} f'(Y\Phi x) \Rightarrow \frac{g'(x)}{\lambda} = -(Y\Phi)^{\mathrm{T}} f'(Y\Phi x) \tag{6-11}$$

其中：

$$g'(x)_i = \begin{cases} 1, & x>0 \\ [-1,1], & x=0 \\ -1, & x<0 \end{cases} \tag{6-12}$$

$$f'(x)_i = \begin{cases} -x_i, & x_i \leqslant 0 \\ 0, & x_i>0 \end{cases} \tag{6-13}$$

另迭代步长为 δ/λ，则迭代阈值函数如图 6-4 所示。

6.3.2 多尺度 1-bit 压缩感知算法

在压缩感知理论框架模型中，信号的可稀疏表示是可压缩的前提，因此信号的稀疏表示[12-15,205]一直是压缩感知的一个重要研究方向。显然，煤矿安全监控系统的压缩采集仍然离不开对信号的稀疏表示。书中2.2节全面分析了信号的稀疏表示理论，因此，这里只针对煤矿监控系统数据的稀疏应用展开分析。

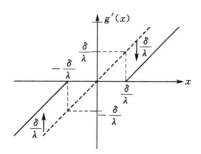

图 6-4 迭代阈值函数(软阈值)

由于监控系统采集的连续时域数据需要变成时域稀疏非连续信号,时域稀疏化是信号压缩效率和信息保真度的重要因素。合适的稀疏基[56-58,60-62]选择直接决定信号压缩观测重建的性能,然而,作为监控数据的许多诸如瓦斯浓度、CO 浓度、温度、压力等传感数据具有缓变性,在频域极度稀疏,现有的基于经典调和分析的系数方法不能适用于这类信号,对这类信号的稀疏强烈依赖于先验知识,需要有专业的稀疏表示字典。因此,在对多尺度 1-bitCS 展开讨论前,有必要对具有先验规则的稀疏字典进行分析。

6.3.2.1 煤矿安全监控传感器的先验表示

煤矿数据的稀疏化表示首先离不开对数据统一标准的描述。煤矿众多传感器类别的差异导致对数据的稀疏表示先验不一致,而各类传感器的规则化编码和各类先验值阈值的设置因传感器种类、空间布置等不同而千差万别。因此,对异构传感器进行规范化编码,准确表达各类不同传感器及其特性显得十分必要,这也是压缩采集的前提和基础。通常煤矿企业结合国家安全生产标准规范和企业生产实际,制定符合自身需要的统一传感器编码字典。表 6-1 和表6-2 分别给出了淮北矿业集团下属 26 个生产矿井部分安全监控类传感器编码字典以及根据先验设置的判决阈值。

表 6-1 淮北监控传感器编码字典编码表

编码	类型	单位	编码	类型	单位	编码	类型	单位
001	低浓瓦斯	%	011	绝对压力	MPa	021	转速	rad/s
002	高低浓瓦斯1	%	012	相对压力	Mpa	022	水位	m
003	高低浓瓦斯2	%	013	流量	m³/min	023	煤位	m

表 6-1(续)

编码	类型	单位	编码	类型	单位	编码	类型	单位
004	高低浓瓦斯 3	%	014	工况流量	m^3/min	024	负压	kPa
005	高浓瓦斯	%	015	标况流量	m^3/min	025	压差	kPa
006	一氧化碳	ppm	016	风量	m^3/min	026	粉尘	mg/m^3
007	二氧化碳	ppm	017	氧气	%	027	称重	t
008	风速	m/s	018	电压	kV	028	效率	%
009	温度	℃	019	电流	A	029	保留	
010	压力	MPa	020	功率	kW	030	保留	

表 6-2　先验判决阈值(部分)

编码	类型	单位	下限报警	上限报警	断电报警	一级预警	二级预警
001	低浓瓦斯	%	—	0.8	1.0	0.3	—
006	一氧化碳	ppm	—	24	24	12	20
009	工作面温度	℃	16	50	50	20/30	18/45
024	管道负压	kPa	—	50	50	30	45
008	大巷风速	m/s	2.0	7.8	8.0	2.5/7.3	2.2/7.6
009	风机轴温	℃	—	100	100	85	95

6.3.2.2 多尺度 1-bit 压缩感知算法原理

1-bitCS 只与一个固定的门限电平做比较,然后做自由度为 δ/λ 的简单比较器,该算法具有编码简单、速度快的特点,被证实能很好地对缓变信号进行快速、精确压缩采集和重建[200,201,204],但是由于其基于均匀量化的算法思想会导致信号采集过程中无法有效采集瞬变信号从而引起过载量化失真,导致特征信号丧失"特征",如图 6-8 所示,从而埋下监控安全隐患。本节针对 1-bitCS 存在的这些问题,提出基于关注度的多阈值非线性压缩-多尺度 1-bitCS,充分利用先验知识对信号划分不同等级而采用不同压缩度的办法,有效解决了 1-bitCS 存在的问题。

实际中,针对煤矿多年的安全生产经验,各种生产数据均具有一定的"规律"可循,即煤矿安全监控具有丰富的先验知识。因此,设计中,引入"关注度"来描述信息的重要程度,显然关注度(attention)针对某类监控数据具有非线性、分段不连续的特性。而且,许多监控数据均为非负实数域数据,满足:

$$x:=\{x_i, x_i \geqslant 0, \ i=1,2,\cdots,N\}, \ x\in \mathbf{R}^N \tag{6-14}$$

根据先验知识,若对某类监控数据按照值的范围给予不同的关注度:

$$A(x)=A_i \tag{6-15}$$

其中 $A_i, i=1,2,\cdots,W$,表示不同段的关注度,s_i 为阈值分割的边界,且有:

$$\begin{cases} s_i - s_{i-1} = l_i > 0 \\ l_{i-1} \neq l_i \end{cases} \tag{6-16}$$

根据信息量,以 $p(x)$ 表示 x 的概率,设关注度与信息量成正比关系:

$$A(x)=-\ln p(x) \tag{6-17}$$

由于特征值的分布具有随机不确定性,假定

$$p'(x)=\frac{1}{a-b} \tag{6-18}$$

服从均匀分布的随机概率事件,$x_i\in[a,b]$ 表示信号动态范围,再假设量化输出满足:

$$g(A):=\frac{\eta}{A} \tag{6-19}$$

其中 η 是一个曲线修正常量。则量化输出满足:

$$g(A(x))=\frac{\eta}{A(x)} \tag{6-20}$$

可得到压缩比:

$$g'(x)=\delta(x)-\frac{\eta A'(x)}{A^2(x)} \tag{6-21}$$

将式(6-15),式(6-17)带入式(6-21):

$$\begin{aligned}
g'(x) \underset{s_{i-1}\leqslant x < s_i}{} = \delta_i &= -\frac{\eta A'(x)}{A_i^2} \\
&= -\frac{\eta}{A_i^2}[-\ln p(x)]' \\
&= \frac{\eta \cdot p'(x)}{A_i^2 \cdot p(x)} \\
&= \frac{\eta}{(a-b)} \cdot \frac{1}{A_i^2} \cdot \frac{1}{p(x)}
\end{aligned} \tag{6-22}$$

由于 $p(x)$ 是一个具有先验的概率常量,有 $p(x)=p$,设 $\lambda=\dfrac{\eta}{p(a-b)}$,则式(6-22)化简为:

$$\delta_i = g'(x) = \frac{\lambda}{A_i^2} \quad x\in[s_{i-1},s_i] \tag{6-23}$$

由此可见,信号的量化台阶与阈值区间信号关注度的平方成反比,显然这符合企业对数据监管实际,关注度越高的数据,量化台阶越小,压缩比越小,甚至压缩比为1(无压缩);对于关注度小的数据,可以给予很高的压缩。而实际上,关注度小的数据占有绝对高的概率,敏感数据只占极小比例,这为大压缩比提供了可能。实际中为了便于计算,本书采用分段线性逼近的方法进行分段设置阈值门限。多尺度 1-bitCS 量化台阶与关注度如图 6-5 所示,此时不再是式(6-6)中简单地增减一个常量量化台阶。

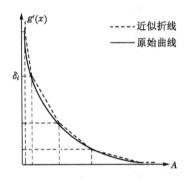

图 6-5　迭代阈值-关注度函数

在工业监控实际应用中,一般根据先验知识预设采样值安全范围 $(LAGate, HAGate)$,$LAGate$ 与 $HAGate$ 分别表示安全值的上界和下界。若以给定范围内的数据给予较低关注度,范围外给予最大关注度。

则边界压缩系数 $k(x)$ 满足:

$$k(x) = k_{min} = 1, \ x \notin (LAgate, HAGate) \tag{6-24}$$

再令压缩比与关注度满足关系:

$$k_i = c\delta_i \tag{6-25}$$

其中 x_{LAGate} 和 x_{HAgate} 显然区间之外的数据具有最大关注度,区间内的数据满足非线性压缩规则。当然,某些监控数据没有报警下限,此时 $\delta_i = \delta_{max}$。因此可得到工业应用压缩曲线模型:

$$k_i = \begin{cases} 1, & x \notin (LAGate, HAGate) \\ c\lambda A_i^{-2}, & s_{i-1} \leqslant x < s_i \end{cases} \tag{6-26}$$

同样,利用分段线性逼近,多尺度 1-bitCS 压缩曲线如图 6-6 所示。

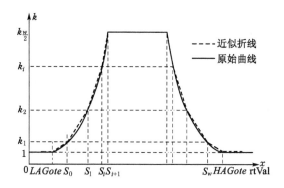

图 6-6　多尺度 1-bit 压缩曲线模型

6.3.3　算法流程

结合本书 5.3 BBCAM 观测矩阵构建方法，多尺度 1-bitCS 算法流程如表 6-3 所示。

表 6-3　　　　　　　　　　　　多尺度 1-bitCS 算法流程

算法多尺度 1-bit 压缩感知定点迭代
输入：监控数据（时间序列）
输出：由 l 重建的时间序列 $\hat{x}$

1) 初始化：
　　种子：$\hat{x}_0$ s.t. $\|\hat{x}_0\|_2 = 1$,
　　残差：$r_0 = y$
　　最大迭代次数：Iters，残差阈值：tol
　　变换增量：$\delta_0 \leftarrow 0$ $\delta_i = \{0, \delta_{k=1}^w\}$
　　计数器：$k \leftarrow 0$
　　根据 5.3，引入 CCBAM 方法设计自适应观测矩阵
2) While ($k <$ Iters or $\hat{x}_k >$ tol)
　　$k \leftarrow k + 1$
3) 求局部二次梯度迭代
　　$\bar{l}_k \leftarrow (Y\Phi)^T \bar{l}'(Y\Phi x_{k-1})$
4) 将梯度投影到单位球：
　　$r_k \leftarrow \bar{l}_k - \langle \bar{l}_k, x_{k-1} \rangle x_{k-1}$
5) 选取 x 所在阈值区间的变换增量
　　$\delta_i \leftarrow \delta_i$, s.t. $x_k \in [s_{i-1}, s_i]$
6) 局部二次梯度下降
　　$h \leftarrow \hat{x}_{k-1} - \delta_i \cdot r_k$
7) 收敛阈值（l_1 范数梯度下降）：
　　对所有 i 求：$(\mu)_i \leftarrow \text{sgn}((h)_i) \max\left\{|h|_i - \dfrac{\delta_m}{\lambda}, 0\right\}$
8) 归一化 $\hat{x}$：$\hat{x} \leftarrow \dfrac{\mu}{\|\mu\|_2}$
9) 满足条件至 10），否则转到 2)
10) 输出 $\hat{x}$

6.3.4 实验与应用

6.3.4.1 数据来源

仿真数据选用淮北矿业集团芦岭煤矿瓦斯监测点 HB06_004A08 2012-12-15 部分数据作为原始数据,该部分数据反映了井下瓦斯浓度的真实变化情况。参照表 6-2 可知,这些具有极低关注度的缓变瓦斯数据(0～0.3)、瓦斯异常数据(0.3～1.0),还具有设备状态检测数据——瓦斯传感器调校[2](1.5～2.00±0.03),具有典型的变化速度快、幅度范围大、不连续等特征。这段数据反映出井下瓦斯浓度在 200 s 附近有突出危险,而在 700±150 s 时,井下检测人员对传感器进行瓦斯调校,1 100 s 以后瓦斯浓度逐步恢复正常的过程。

6.3.4.2 实验环境

本书实验利用 Matlab2010b,2 G 内存,Intel 双核 1. 7 GHzCPU,WINXP 操作系统作为仿真平台,分别采用正交匹配追踪(OMP, orthogonal matching pursuit)[15],硬阈值梯度投影法(HTI-GP, hard threshold iterative gradient projection)[17] 和压缩感知正交匹配追踪(CoSaMP, compressed sampling OMP)[18]算法结合先验知识对信号重建,仿真如图 6-7～图 6-10 所示。

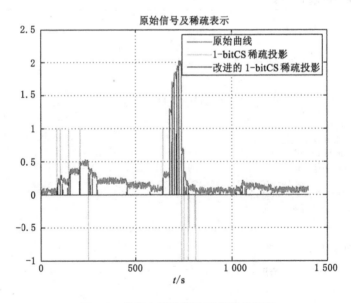

图 6-7 信号在两种算法下的稀疏投影

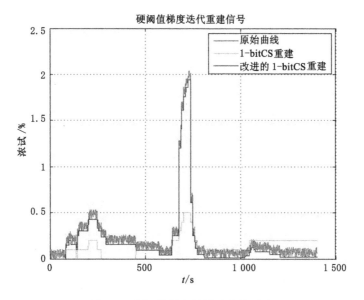

图 6-8 硬阈值梯度投影对信号重建

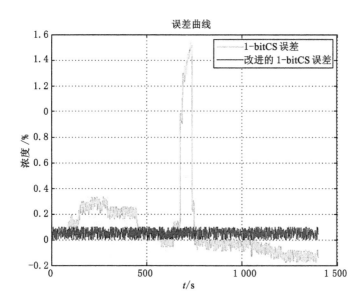

图 6-9 信号对应误差曲线

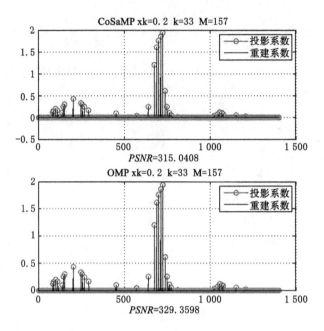

图 6-10　OMP 与 CoSaMP 对多尺度 1-bit 投影系数重建

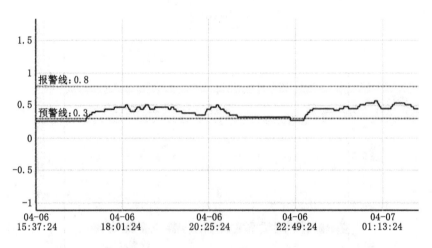

图 6-11　多尺度 1-bitCS 在淮北矿业集团朱庄煤矿现场应用效果

6.3.4.3　实验结果分析

　　本实验中选取 $\Delta = \delta_m/\lambda = 0.1$，采样样本 1 401 个，分别对 1-bitCS 和多尺度 1-bitCS 在信号稀疏表示、重建误差和重建效果三方面进行比较，分别如图

6-7～图 6-9 所示。其中图 6-8 采用的稀疏投影方式为直接对大系数按照先验非均匀等值投影，区别于传统的 1-bitΔ 增量投影。从投影系数可见，多尺度 1-bit 在信息变化显著的地方投影系数多于传统方法，而对小信号的稀疏，表现出相同的性能。

图 6-8 和图 6-9 的误差曲线直观地反映出 1-bitCS 在突变信号时由于受到量化 $\Delta = \delta_m/\lambda = （常量）$限制，与原信号产生极大误差，造成异常信息丢失；而多尺度 1-bitCS 紧密跟随真实值变化而变化，使误差保留在一个极小范围，$PSNR = 31.8$ dB，$MSE = 0.106$；当 Δ 减小时，1-bitCS 量化在"异常"数据上的误差进一步增大，而多尺度 1-bitCS 误差却减小。

图 6-10 当采用 OMP 和 CoSaMP 算法，选取预设稀度为 $xk = k_m/N = 0.2$（k_m 为预设最大可能稀疏值，N 为输入信号的长度），设置 xk 的目的在于给出随机观测矩阵的大小，以加快计算，取值常根据先验统计设置，一般预设稀疏度 $k \le k_m \ll N$。本实验中的 $k_m = sup(xk * N) = 281$，实际稀疏值 $k = 33$，采用随机高斯观测 $M = O(k(1 + \log(N/k))) = 137$ 对稀疏投影系数重建时，$PSNR$ 分别可达到 329 dB 和 315 dB，实现系数精确重建，考虑到量化噪声引入误差，该两种方法重建曲线的 $PSNR$ 达到 44.6 dB 和 43.3 dB，能够准确重建出原曲线，但重建时间要长于硬阈值梯度投影法。

6.3.4.4 现场使用效果

从图 6-10 可看出，在 1 401 个数据样本中，具有重大关注度的投影系数只有 14 个，因此数据具有巨大的稀疏性和巨大的压缩空间。图 6-11 可以从宏观上看出，压缩后的曲线波动明显减少，但体现瓦斯特征值的关键数据仍被保留、以淮北桃园、袁庄等 7 矿为例，通过对 SQL 数据库数据样本为期 1 个月的观察（2013 年 3 月），得出表 6-4 数据。

表 6-4 淮北煤矿数据压缩统计样本

矿名	杨柳	袁庄	许疃	祁南	石台	朱仙	芦岭
压缩前(M/d)	82	55	90	168	109	77	180
压缩后(M/d)	12	10	15	22	18	11	28
压缩比	6.83	5.50	6.00	7.64	6.06	7.00	6.43

上表样本值将随各矿生产调整发生变化。通过统计分析，平均数据压缩率为 6.49，大大减少了冗余数据，提高了 SQL 的存储效率，为煤矿及相关行业实

时数据采集压缩提供了一种有益的参考。

6.4　小结

　　本章首先介绍了矿山背景数据的特征和矿山数据特征,然后介绍了 1-bitCS及其不足,最后结合 CCBAM 算法提出了多尺度 1-bitCS 算法,针对 1-bitCS中的过载量化失真导致敏感特征信息丢失的潜在风险,充分利用先验 知识对信号划分不同等级而采用不同压缩尺度适应信号的变化的办法,有效解 决了 1-bitCS 存在的过载量化失真而丢失敏感信息的问题,同时保证了高的数 据压缩率,最后给出了实际应用效果。

7　结论与展望

压缩感知理论开创性地指出对可稀疏表示的信号,能够利用少量的线性观测并通过非自适应重建获得。该理论克服了传统的 Nyquist 采样理论所面对的高成本、低效率以及数据存储和传输资源浪费等问题,在超宽带、超高频等领域具有传统采样定理所不具备的优势。但在复杂理论和实际应用中,缺少连接的桥梁。因此,本书的研究重点就是如何从复杂的数学模型中抽象出简化模型,对信号进行快捷高效重建,将压缩感知理论应用于工程实践。本本书在综述和分析研究压缩感知理论方法的基础上,针对观测矩阵、重建算法及高可用性展开试探性研究,并针对矿山物联网背景下以监控信息为代表的一维时域信号的压缩采集展开应用性研究,将理论研究成果应用于实际应用系统。

7.1　结论

本书在提出矿山物联网建设面临的传输瓶颈问题及压缩感知的观测与非线性重建复杂度过高、不适合现场实时数据采集的大背景下,针对压缩感知理论在矿山物联网中的应用展开研究,取得以下研究成果与创新点:

(1)针对压缩感知观测矩阵设计中,常规高斯类矩阵和贝努利类矩阵在观测重建时有计算复杂、随机不可控、重建计算复杂度大和内存需求大等缺点,本书利用混沌的伪随机特性,提出了一种混沌观测矩阵,使得观测矩阵兼备了随机矩阵的随机分布特征又具有伪随机的可控特征,从而有效降低了重建复杂度。理论研究和仿真实验表明该混沌矩阵具有完备的 RIP 特性,具有和高斯随机矩阵相似的特征。

(2)针对稀疏信号的重构问题,本书从 OMP 迭代残差下降最优梯度投影的方向对 OMP 进行改进,提出了基于残差收敛的正交追踪(StORCP)算法,该算法每次对剩余原子的残差在最优选择基上进行投影,寻找最小的投影值原子作为新的备选原子,从而快速逼近最优解。仿真实验表明,该算法在信号重构误差和重构概率、重建质量方面同比优于 OMP,StOMP,ROMP 等当前几种典型的凸优化算法,在相同重建精度下,比 OMP 的重建时间降低 $50\%\sim80\%$。

(3) 在压缩感知理论应用研究方面,随机观测和非线性重建存在高的计算复杂度、无法满足矿山实时监控数据压缩采集对实时性的需求等缺点。本书为降低这种计算复杂度,从信息的统计特征出发,提出一种能适应信息特征变化的自适应观测矩阵——基于系数贡献度的自适应观测(CCBAM)矩阵,将非线性重建转换为线性重建,将计算复杂度从 $O(MN)$ 降低为 $O(N+2k)(k\ll N)$。

(4) 为防范 CCBAM 算法中过低贡献度带来的高频失真,本书进一步提出一种增强的 CCBAM 方法(E-CCBAM),充分利用信号在小波稀疏域上分布服从指数衰减的特性,对若干连续高阶系数的衰减进行线性逼近,补偿 CCBAM 中的高频失真,从而大大改善信号的重建精度,而计算复杂度仅为 $O(n+2k+w),(k\ll N,w\ll N)$。

由于 CCBAM 算法使整个观测和重建过程仅仅采用一维的线性运算,不涉及矩阵乘法,使得计算复杂度大为降低。而一维的线性运算确保了信号重建的精度。大量的实验仿真表明,该算法在重建时间、压缩比、重建质量方面优于当前几种典型的凸优化和基追踪算法,数据输出压缩比降低 $20\%\sim50\%$。

(5) 结合 CCBAM 观测研究结果,将煤矿生产先验信息引入到 1-bit 压缩感知算法中,提出基于关注度的多尺度 1-bitCS 算法,该算法利用先验知识将信号划分不同等级,对不同等级信号采用不同压缩尺度采集信号,有效解决了1-bitCS 存在的过载量化失真而丢失敏感信息的问题。

上述研究成果已被成功应用于淮北矿业集团 26 个煤矿的安全监控信息压缩感知中,取得良好的应用效果,并且相关科研项目通过安徽省科技厅组织的鉴定.对构建大范围的煤矿安全监控系统提供了技术支持,对煤矿灾害感知具有十分重要的意义,为进一步的数据挖掘,信息融合和灾害预测奠定了理论应用基础。

7.2　展望

煤矿未来信息化建设仍面临的许多亟待解决的问题,压缩感知理论在煤矿信息化建设中的应用正处于起步阶段,本书所进行的研究仅仅是个起步,仍需要展开大量的理论和应用研究。

7.2.1　理论研究方面

（1）信号的最佳稀疏表示。当前压缩感知框架下,提出了多种数据稀疏表示方法,而针对煤矿监控的一维语音、视频等实时数据,需要更高效的稀疏表示,将多尺度变换和专家冗余字典相结合,引入到煤矿监控信息表示中,但如何保证其实时效率问题仍有待研究。

（2）观测矩阵设计方面。本书提出了一种基于稀疏表示的自适应观测矩阵,但距离实际应用还有一定距离,尚待进一步深入研究。

（3）重建算法方面。信号重建时间过长,显然这在实时监控系统中不能满足实时性需求,因此,简洁高效的重建算法理论和应用研究仍是一个漫长的过程。

7.2.2　理论应用方面

（1）矿山物联网背景下海量增长的数据与有限的带宽资源矛盾愈加突出,如何将数据采集转变为高效的信息采集、降低带宽需求仍是一个值得深入研究的问题。

（2）分布式压缩采集方法。通过井下物联网实现井下信息的一体化压缩感知,即分布式信息的采样,传输和感知的一体化研究。

（3）未来井下移动视频成为新的"带宽杀手"。压缩感知框架下的分布式视频压缩感知方法能否有效解决该问题仍是一个值得探讨的问题。

总之,压缩感知开创了新的数据压缩采集理论体系,有望在信息采集与处理领域带来新的变革。如何让压缩感知理论服务于生产实际,将成为广大科技工作者努力探索的一个新的研究方向。

附　　录

变量注释表

x	输入信号
Θ	稀疏域系数
Ψ	稀疏基矩阵
A^{cs}（或 A）	观测算子 $A^{cs}=\Psi\Phi$
k	稀疏支撑数，$k=\sup(x)$
$\sup(x)$	x 的稀疏支撑数
$\parallel\cdot\parallel_P$	P-范数
$\langle a,b \rangle$	a 与 b 的内积
n	高斯白噪声
ε	误差
y	观测输出
M	矩阵的行
N	矩阵的列
$\mu(\Psi)$	Ψ 的相关系数
$\mu(\Psi,\Phi)$	Ψ,Φ 的互相关系数
$\mu_{1,k}(\Phi)$	第一类累加互相关系数
$\mu_{2,k}(\Phi)$	第二类累加互相关系数
$O(\mu)$	μ 的高阶小分量
l_p	p-范数
r	残差
Γ	备选原子索引集合

$\hat{x}$	重建信号
Ψ^{T}	Ψ 的转置
Ψ^{H}	Ψ 的 Hermitian 矩阵
$\nabla F(\Omega)$	Ω 在 F 下的梯度
$A^{\dagger}$	A 的广义逆（或伪逆）
$TV(\Theta)$	Θ 的全变差
err_{abs}	绝对误差
err_{rel}	相对误差
MSE	均方误差
$SNR(\mathrm{dB})$	信噪比
$PSNR(\mathrm{dB})$	峰值信噪
SNR_{rel}	相对 SNR
$PSNR_{\mathrm{rel}}$	相对 $PSNR$
$E(x)$	x 的数学期望
$X(d,k,x_0)$	由初始值为 x_0 距离为 d 的 k 阶 Logistic 序列
$O(MN)$	计算复杂度为 MN
$Pr(x)$	x 的概率
S_{at}	重建满意度
ξ	系数贡献度
α	观测率
$\tilde{\Gamma}$	与 Γ 对应的稀疏单位矩阵
Θ_T	Θ 的支撑集合的补集
$\overline{\Theta_T}$	Θ_T 中的二次支撑集合
ΔM	增量调制
$A(x)$	对 x 的关注度
$k(x)$	边界压缩系数
$LAGate$	报警下限值
$HAGate$	报警上限值

1-bitCS	1-bit 压缩感知
ACGP	近似的共轭梯度追踪
BCQP	边界受限的二次方程
CAN	控制局域网
CCBAM	基于系数贡献度的自适应观测
CGP	联合梯度追踪
CMC	累加互相关性
CoSaMP	压缩采样匹配追踪
CP	链式追踪
CS	压缩感知(压缩采集)
DC	数据紧致性
DCM	常对角矩阵
DCS	分布式压缩感知
DCT	离散余弦变换
DCVS	分布式视频压缩感知
DFT	离散傅立叶变换
DMD	数字显微镜器件
DP	方向追踪
DWT	离散小波变换
E-CCBAM	增强型 CCBAM 算法
GP	梯度追踪
GPSR	梯度投影稀疏重建算法
I. I. D	独立同分布
KMP	核匹配追踪
LASSO	最小绝对收缩选择算子
M2M	机器交互/人机交互
MIMO	多输入多输出
MoT	矿山物联网

MP	匹配追踪
NSP	零空间性质
OMP	正交匹配追踪
OOMP	最优正交匹配追踪
ORMP	依阶次递推匹配追踪
PLOT	分析线性在线趋势化算法
RAMP	正则化自适应匹配追踪
RFID	射频识别
RIC	约束等距常数
RIP	受限等距性
RLE	行程编码
ROC	约束正交常数
ROMP	正则化正交匹配追踪
SAMP	稀疏自适应匹配追踪
SDT	旋转门算法
SL0	光滑的 L0 算法
SP	子空间追踪
SPGL1	L1 谱投影梯度算法
StOMP-FAR	基于故障报警（阈值）的分段匹配追踪
StOMP-FDR	基于故障诊断（阈值）的分段匹配追踪
StOMP	分段正交匹配追踪
StORCP	基于残差收敛的正交追踪
SWGP	分阶段弱梯度追踪
TMP	树形匹配追踪
TVAL3	增广拉格朗日全变差算法
UWB	超宽带
VssAMP	变步长自适应匹配追踪
WSN	无线传感网络

参 考 文 献

［1］国家安全生产监督管理总局. 煤矿安全规程［M］. 北京：煤炭工业出版社，2016.

［2］LIU X W，XIAO S，QUAN L. Optical SDMA for applying compressive sensing in WSN［J］. Journal of Systems Engineering and Electronics，2016，27（4）：780-789.

［3］PATIL R A，SHABBY M，PATIL B P. Performance evaluation of large MIMO［J］. Wireless Personal Communications，2019，104（2）：821-836.

［4］QIAN J H，LOPS M，ZHENG L，et al. Joint design for co-existence of MIMO radar and MIMO communication system［J］. 2017 51st Asilomar Conference on Signals，Systems，and Computers，2017：568-572.

［5］Boonsong W，Ismail W. Multi-hop Performance of Smart Power Meter Using Embedded Active RFID with Wireless Sensor Network［J］. 2017，398：547-554.

［6］GAUTAM S K，OM H. Intrusion detection in RFID system using computational intelligence approach for underground mines ［J］. International Journal of Communication Systems，2018，31（8）：e3532. DOI：10.1002/dac.3532.

［7］MIYAGUSUKU R，YAMASHITA A，ASAMA H. Data information fusion from multiple access points for WiFi-based self-localization［J］. IEEE Robotics and Automation Letters，2019，4（2）：269-276.

［8］高富，贺艳军. 基于 WiFi 技术的煤矿井下人员定位系统研究［J］. 煤炭工程，2017，49（F08）：160-162.

［9］PARK D S. Future computing with IoT and cloud computing［J］. The Journal of Supercomputing，2018，74（12）：6401-6407.

［10］GUO C，TANG X Y，JIE Y M，et al. Efficient method to verify the integrity of data with supporting dynamic data in cloud computing[J]. Science China Information Sciences,2018,61(11):235-237.

[11] LEWIS G A. Cloud computing[J]. Computer,2017,50(5):8-9.

[12] DONOHO D L. Compressed sensing [J]. IEEE Transactions on Information Theory,2006,52(4):1289-1306.

[13] LU W Z,DAI T,XIA S T. Binary matrices for compressed sensing[J]. IEEE Transactions on Signal Processing,2018,66(1):77-85.

[14] SUWANWIMOLKUL S, ZHANG L, GONG D, et al. An adaptive Markov random field for structured compressive sensing [J]. IEEE Transactions on Image Processing,2019,28(3):1556-1570.

[15] YUPENG C,WENBO X,Jiaru L. One-bit compressed sensing recovery algorithm robust to perturbation[J]. The Journal of China Universities of Posts and Telecommunications,2018,25(1):62-69.

[16] NOUASRIA H,ET-TOLBA M. Sensing matrix based on Kasami codes for compressive sensing [J]. IET Signal Processing, 2018, 12 (8): 1064-1072.

[17] COLBOURN C J, HORSLEY D, SYROTIUK V R. A hierarchical framework for recovery in compressive sensing [J]. Discrete Applied Mathematics,2018,236:96-107.

[18] FENG J M,KRAHMER F,SAAB R. Quantized compressed sensing for partial random circulant matrices[EB/OL]. 2017:arXiv:1702. 04711[cs. IT].

[19] AKAN O B,ANDREEV S,DOBRE C. Internet of Things and sensor networks[J]. IEEE Communications Magazine,2019,57(2):40.

[20] BROOKS C,JERAD C,KIM H,et al. A component architecture for the Internet of Things [J]. Proceedings of the IEEE, 2018, 106 (9): 1527-1542.

[21] REN J,PAN Y,GOSCINSKI A,et al. Edge computing for the Internet of Things[J]. IEEE Network,2018,32(1):6-7.

[22] HAN Y Y,SEED D,WANG C G,et al. Delay-aware application protocol for Internet of Things[J]. IEEE Network,2019,33(1):120-127.

[23] 邓惠,谭庆龙. 基于物联网的煤矿井下环境监测及人员定位系统设计[J].

信息与电脑(理论版),2015(4):16-17 21.

[24] 李论.基于 RSSI 的煤矿巷道高精度定位算法研究[D].徐州:中国矿业大学,2015.

[25] 马京,胡青松,宋泊明,张申.基于指纹膜与航迹推算的井下人员定位系统[J].工矿自动化,2016,42(05):19-23.

[26] JING L. Research and implementation of the positioning system for coal mining staff based on random forests[C] //2016 Eighth International Conference on Measuring Technology and Mechatronics Automation (ICMTMA),11-12 March 2016,Macau,China. IEEE,2016:491-494.

[27] FRØYTLOG A,CENKERAMADDI L R. Design and implementation of an ultra-low power wake-up radio for wireless IoT devices[C] //2018 IEEE International Conference on Advanced Networks and Telecommunications Systems (ANTS),16-19 Dec. 2018,Indore,India. IEEE,2018:1-4.

[28] KUMAR K, KHERA S. Optimization of transceiver energy with LEACH protocol for wireless sensor ad-hoc networks[C] //2019 IEEE International Conference on Electrical,Computer and Communication Technologies (ICECCT),20-22 Feb. 2019,Coimbatore,India. IEEE,2019:1-4.

[29] 刘卫东,孙文达,张震.选煤厂设备健康信任度判别方法研究与实践[J].煤炭科学技术,2015,43(12):104-108.

[30] 陈铎,王刚.基于矿山物联网的设备动态管理系统[J].工矿自动化,2013,39(5):16-19.[维普]

[3] 薛光辉,张昊,蔡文静,管健.基于 ZigBee 无线技术的工业设备状态智能监测系统设计[J].煤炭技术,2019,38(8):146-150.

[32] ELIASSON J,DELSING J,RAAYATINEZHAD A,et al. A SOA-based framework for integration of intelligent rock bolts with Internet of Things [C] //2013 IEEE International Conference on Industrial Technology (ICIT),25-28 Feb. 2013,Cape Town,South Africa. IEEE,2013:1962-1967.

[33] 李向东,王平,程爱平,等.基于功效法的井下泥石流灾害预警研究[J].矿业研究与开发,2018,38(10):25-28.

［34］ QIAO S,ZHANG Q,ZHANG Q. Mine Fracturing Monitoring Analysis Based on High-Precision Distributed Wireless Microseismic Acquisition Station,IEEE,2019.

［35］ RANJAN A K, HUSSAIN M. Terminal authentication in M2M communications in the context of Internet of Things［J］. Procedia Computer Science,2016,89:34-42.

［36］ SOHRABY K, MINOLI D, OCCHIOGROSSO B,et al. A review of wireless and satellite-based M2M/IoT services in support of smart grids ［J］. Mobile Networks and Applications,2018,23(4):881-895.

［37］ SUCIU G, VULPE A, MARTIAN A,et al. Big data processing for renewable energy telemetry using a decentralized cloud M2M system［J］. Wireless Personal Communications,2016,87(3):1113-1128.

［38］ YUYAN S,GAOFENG W,ZHAOXIN Z,et al. Research on virtual node placement optimization strategy of cloud platform for information acquisition［J］.高技术通讯(英文版),2018,(24):3-11.

［39］ SONG W, CHEN F F, JACOBSEN H A,et al. Scientific workflow mining in clouds［J］. IEEE Transactions on Parallel and Distributed Systems,2017,28(10):2979-2992.

［40］ RALHA C G,MENDES A H D,LARANJEIRA L A,et al. Multiagent system for dynamic resource provisioning in cloud computing platforms ［J］. Future Generation Computer Systems,2019,94:80-96.

［41］ ZHAO R Q,FU J,REN L Q,et al. Strategy for accelerating multiway greedy compressive sensing reconstruction［J］. IEEE Signal Processing Letters,2019,26(5):690-694.

［42］ SHI X P,ZHANG J. Reconstruction and transmission of astronomical image based on compressed sensing［J］. Journal of Systems Engineering and Electronics,2016,27(3):680-690.

［43］ WANG C,LIU X F,YU W K,et al. Computational spectral imaging based on compressed sensing［J］. Chinese Physics Letters,2017,34(10):104203.

［44］ 朱福珍,刘越,黄鑫,等.改进的稀疏表示遥感图像超分辨重建［J］.光学 精 密工程,2019,27(3):718-725.

[45] 李少东,杨军,陈文峰,等.基于压缩感知理论的雷达成像技术与应用研究进展[J].电子与信息学报,2016,38(2):495-508.

[46] SHEN P P,WANG C F. Linear decomposition approach for a class of nonconvex programming problems[J]. Journal of Inequalities and Applications,2017,2017(1):74.

[47] Ma Minsheng, Hu Ruimin, Chen Shihong, et al. Robust Background Subtraction Method via Low-Rank and Structured Sparse Decomposition[J].中国通信,2018,(15)07:166-177.

[48] 苗长兴.偏微分方程的调和分析方法简介[J].数学进展,2007,36(6):641-671.

[49] CAIXBA M, RAMIREZ A. A frequency-domain equivalent-based approach to compute periodic steady-state of electrical networks[J]. Electric Power Systems Research,2015,125:100-108.

[50] ALAN V O,ALAN WILLSKY S,HAMID N S,et al. 信号与系统[M]. 刘树棠,译,2版.西安:西安交通大学出版社,2010.

[51] MEHRA I,FATIMA A,NISHCHAL N K. Gyrator wavelet transform [J]. IET Image Processing,2018,12(3):432-437.

[52] DAI H,ZHENG Z,WANG W. A new fractional wavelet transform[J]. Communications in Nonlinear Science and Numerical Simulation,2017, 44:19-36.

[53] FLETCHER P,SANGWINE S J. The development of the quaternion wavelet transform[J]. Signal Processing,2017,136:2-15.

[54] 焦李成,谭山.图像的多尺度几何分析:回顾和展望[J].电子学报,2003, 31(12):1975-1981.

[55] 图像多尺度几何分析理论与应用:后小波分析理论与应用[M].西安电子科技大学出版社,2008:9-12

[56] DO M N, VETTERLI M. The contourlet transform:an efficient directional multiresolution image representation[J]. IEEE Transactions on Image Processing,2005,14(12):2091-2106.

[57] C E J,DONOHO D L. Curvelets - a surprisingly effective nonadaptive representation for objects with edges[EB/OL]. 2000

[58] MEYER F G, COIFMAN R R. Brushlets:a tool for directional image

analysis and image compression [J]. Applied and Computational Harmonic Analysis,1997,4(2):147-187.

[59] CANDES E J. Ridgelets:theory and applications /[EB/OL]. 1998.

[60] DONOHO D L. Wedgelets:nearly-minimax estimation of edges [J]. Annals of Statistics,1999,27(3):859-897.

[61] GUO K H, LABATE D. Optimally sparse multidimensional representation using shearlets [J]. Siam Journal on Mathematical Analysis,2007,39(1):298-318.

[62] EASLEY G, LABATE D, LIM W Q. Sparse directional image representations using the discrete shearlet transform[J]. Applied and Computational Harmonic Analysis,2008,25(1):25-46.

[63] COIFMAN R R,WICKERHAUSER M V. Entropy-based algorithms for best basis selection [J]. IEEE Transactions on Information Theory, 1992,38(2):713-718.

[64] MALLAT S G, ZHANG Z F. Matching pursuits with time-frequency dictionaries[J]. IEEE Transactions on Signal Processing,1993,41(12): 3397-3415.

[65] 李周,崔琛.压缩感知中观测矩阵的优化算法[J].信号处理,2018,34(2): 201-209.

[66] 杨春玲,李林荪.基于像素相关的图像/视频压缩感知观测矩阵[J].华南 理工大学学报(自然科学版),2017,45(12):27-35.

[67] CANDÈS E J. The restricted isometry property and its implications for compressed sensing[J]. Comptes Rendus Mathematique,2008,346(9/ 10):589-592.

[68] TSAIG Y,DONOHO D L. Extensions of compressed sensing[J]. Signal Processing,2006,86(3):549-571.

[69] BARANIUK R,DAVENPORT M,DEVORE R,et al. A simple proof of the restricted isometry property for random matrices[J]. Constructive Approximation,2008,28(3):253-263.

[70] BAJWA W U, HAUPT J D, RAZ G M, et al. Toeplitz-structured compressed sensing matrices[C] //2007 IEEE/SP 14th Workshop on Statistical Signal Processing, 26-29 Aug. 2007, Madison, WI, USA.

IEEE,2007:294-298.

[71] SEBERT F,ZOU Y M,YING L. Toeplitz block matrices in compressed sensing and their applications in imaging［C］//2008 International Conference on Information Technology and Applications in Biomedicine, 30-31 May 2008,Shenzhen,China. IEEE,2008:47-50.

[72] ZHOU Y,SUN Q S,LIU J X. Robust optimisation algorithm for the measurement matrix in compressed sensing［J］. CAAI Transactions on Intelligence Technology,2018,3(3):133-139.

[73] LIU H Q, YIN J H, HUA G, et al. Deterministic construction of measurement matrices based on Bose balanced incomplete block designs ［J］. IEEE Access,2018,6:21710-21718.

[74] GU Z,ZHOU Z C,YANG Y,et al. Deterministic compressed sensing matrices from sequences with optimal correlation［J］. IEEE Access, 2019,7:16704-16710.

[75] 赵玉娟,郑宝玉,陈守宁.压缩感知自适应观测矩阵设计［J］.信号处理, 2012,28(12):1635-1641.

[76] LIU H Q, YIN J H, HUA G, et al. Deterministic construction of measurement matrices based on Bose balanced incomplete block designs ［J］. IEEE Access,2018,6:21710-21718.

[77] 权磊,肖嵩,薛晓,等.低复杂度压缩感知中的快速观测方法［J］.西安电子科技大学学报,2017,44(1):106-111.

[78] 李楠,任清华,苏玉泽.TDCS压缩感知观测矩阵构造方法［J］.计算机工程与设计,2017,38(1):7-11.

[79] 边胜琴,徐正光,张利欣.依据列相关性优化高斯测量矩阵［J］.计算机测量与控制,2017,25(11):141-145.［维普］

[80] MI W,QIAN T,LI S. Basis pursuit for frequency-domain identification ［J］. Mathematical Methods in The Applied Sciences, 2016, 39 (3): 498-507.

[81] LIU X J,XIA S T,FU F W. Reconstruction guarantee analysis of basis pursuit for binary measurement matrices in compressed sensing［J］. IEEE Transactions on Information Theory,2017:1.

[82] CANDÈS E J,ROMBERG J K. Signal recovery from random projections

[C] //Proc SPIE 5674,Computational Imaging III,2005,5674:76-86.

[83] TROPP J A, GILBERT A C. Signal recovery from random measurements via orthogonal matching pursuit[J]. IEEE Transactions on Information Theory,2007,53(12):4655-4666.

[84] BERG V D,FRIEDLANDER M P. Probing the Pareto frontier for basis pursuit solutions[J]. SIAM Journal on Scientific Computing,2009,31 (2):890-912.

[85] FIGUEIREDO M A T,NOWAK R D,WRIGHT S J. Gradient projection for sparse reconstruction:application to compressed sensing and other inverse problems [J]. IEEE Journal of Selected Topics in Signal Processing,2007,1(4):586-597.

[86] CANDES E J,ROMBERG J. Quantitative robust uncertainty principles and optimally sparse decompositions[J]. Foundations of Computational Mathematics,2006,6(2):227-254.

[87] MOHIMANI H,BABAIE-ZADEH M,JUTTEN C. A fast approach for overcomplete sparse decomposition based on smoothed $-ell ^{0}$ norm[J]. IEEE Transactions on Signal Processing,2009,57(1):289-301.

[88] ZDUNEK R, CICHOCKI A. Improved M-FOCUSS algorithm with overlapping blocks for locally smooth sparse signals [J]. IEEE Transactions on Signal Processing,2008,56(10):4752-4761.

[89] ANGELOSANTE D, GIANNAKIS G B. RLS-weighted Lasso for adaptive estimation of sparse signals[C] //2009 IEEE International Conference on Acoustics, Speech and Signal Processing, 19-24 April 2009,Taipei,Taiwan,China. IEEE,2009:3245-3248.

[90] DONOHO D L, TSAIG Y. Fast solution of l_1-norm minimization problems when the solution may be sparse[J]. IEEE Transactions on Information Theory,2008,54(11):4789-4812.

[91] YIN W T,DARBON J,GOLDFARB D, et al. The Bregman Iterative Algorithm for l1-Minimization[EB/OL]. 2007.

[92] PATI Y C, REZAIIFAR R, KRISHNAPRASAD P S. Orthogonal matching pursuit:recursive function approximation with applications to wavelet decomposition[C] //Proceedings of 27th Asilomar Conference

on Signals,Systems and Computers,1-3 Nov. 1993,Pacific Grove,CA,USA. IEEE,1993:40-44.

[93] 张格森.压缩传感理论及若干应用技术研究[D].黑龙江:哈尔滨工程大学.2012.

[94] GHARAVI-ALKHANSARI M, HUANG T S. A fast orthogonal matching pursuit algorithm [J]. Acoustics, Speech, and Signal Processing,1988. ICASSP-88. ,1988 International Conference on,1998,3:1389-1392 vol. 3.

[95] 郭永红.基于贪婪追踪的压缩感知重建算法研究[D].成都:电子科技大学,2012.

[96] NEEDELL D, VERSHYNIN R. Signal recovery from incomplete and inaccurate measurements via regularized orthogonal matching pursuit [J]. IEEE Journal of Selected Topics in Signal Processing,2010,4(2): 310-316.

[97] DAI W, MILENKOVIC O. Subspace pursuit for compressive sensing signal reconstruction[J]. IEEE Transactions on Information Theory, 2009,55(5):2230-2249.

[98] DO T T,GAN L,NGUYEN N,et al. Sparsity adaptive matching pursuit algorithm for practical compressed sensing[C] //2008 42nd Asilomar Conference on Signals,Systems and Computers,26-29 Oct. 2008,Pacific Grove, CA, USA. IEEE,2008:581-587.

[99] DONOHO D L, TSAIG Y, DRORI I, et al. Sparse solution of underdetermined systems of linear equations by stagewise orthogonal matching pursuit[J]. IEEE Transactions on Information Theory,2012, 58(2):1094-1121.

[100] REBOLLO-NEIRA L, LOWE D. Optimized orthogonal matching pursuit approach[J]. IEEE Signal Processing Letters, 2002, 9 (4): 137-140.

[101] 刘亚新,赵瑞珍,胡绍海,等.用于压缩感知信号重建的正则化自适应匹配追踪算法[J].电子与信息学报,2010,32(11):2713-2717.

[102] NEEDELL D, TROPP J A. CoSaMP:Iterative signal recovery from incomplete and inaccurate samples [J]. Applied and Computational

Harmonic Analysis,2009,26(3):301-321.

[103] LA C,DO M N. Signal reconstruction using sparse tree representations [C] //Optics and Photonics 2005. Proc SPIE 5914,Wavelets XI,San Diego,California,USA,2005,5914:59140W.

[104] 季秀霞,张弓.盲稀疏度信号重构的改进正交匹配追踪算法[J].宇航学报,2013,34(8):1146-1151.

[105] VINCENT P, BENGIO Y. Kernel matching pursuit [J]. Machine Learning,2002,48(1-3):165-187.

[06] 张宁.压缩感知重建算法的若干研究[D].江苏:南京邮电大学,2013.

[107] 高睿,赵瑞珍,胡绍海.基于压缩感知的变步长自适应匹配追踪重建算法[J].光学学报,2010,30(6):1639-1644.

[108] BLUMENSATH T,DAVIES M E. Stagewise weak gradient pursuits [J]. IEEE Transactions on Signal Processing,2009,57(11):4333-4346.

[09] GILBERT A C, GUHA S, INDYK P. Near-optimal sparse fourier representations via sampling[C]. Proceedings of the thiry-fourth annual ACM symposium on Theory of computing. ACM,2002:152-161.

[110] GILBERT A C,GUHA S,INDYK P,et al. Near-optimal sparse Fourier representations via sampling[C] //STOC '02:Proceedings of the thiry-fourth annual ACM symposium on Theory of computing2002:152-161.

[111] GILBERT A C, STRAUSS M J, TROPP J A, et al. Improved time bounds for near-optimal sparse Fourier representations[C] //Optics and Photonics 2005. Proc SPIE 5914, Wavelets XI, San Diego, California,USA,2005,5914:59141A.

[112] GILBERT A C,STRAUSS M J,TROPP J A,et al. Algorithmic linear dimension reduction in the l_1 norm for sparse vectors[EB/OL]. 2006: arXiv:cs/0608079[cs. DS]. https://arxiv. org/abs/cs/0608079.

[113] WANG J, WANG J. Joint compressed sensing imaging and phase adjustment via an iterative method for multistatic passive radar[J]. Frontiers of Information Technology & Electronic Engineering,2018, 19(4):557-568.

[114] KNILL C,ROOS F,SCHWEIZER B,et al. Random multiplexing for an MIMO-OFDM radar with compressed sensing-based reconstruction[J].

IEEE Microwave and Wireless Components Letters, 2019, 29（4）：300-302.

[115] LI L C, LI D J, PAN Z H. Compressed sensing application in interferometric synthetic aperture radar[J]. Science China Information Sciences,2017,60(10):102305.

[116] SALARI S, CHAN F, CHAN Y T, et al. Joint DOA and clutter covariance matrix estimation in compressive sensing MIMO radar[J]. IEEE Transactions on Aerospace and Electronic Systems,2019,55(1)：318-331.

[17] 薛明.压缩感知及稀疏性分解在图像复原中的应用研究[D].陕西:西安电子科技大学,2009.

[118] 刘吉英.压缩感知理论及在成像中的应用[D].长沙:国防科学技术大学,2010.

[119] WANG L C,LI L X,LI J,et al. Compressive sensing of medical images with confidentially homomorphic aggregations[J]. IEEE Internet of Things Journal,2019,6(2):1402-1409.

[120] DAI W, MILENKOVIC O, SHEIKH M A, et al. Probe design for compressive sensing DNA microarrays[C] //2008 IEEE International Conference on Bioinformatics and Biomedicine, 3-5 Nov. 2008, Philadelphia,PA,USA. IEEE,2008:163-169.

[121] LEINONEN M,CODREANU M,JUNTTI M. Distributed distortion-rate optimized compressed sensing in wireless sensor networks[J]. IEEE Transactions on Communications,2018,66(4):1609-1623.

[122] XU H,WANG B J,ZHANG J G,et al. Chaos through-wall imaging radar[J]. Sensing and Imaging,2017,18:6.

[123] GHAHREMANI M,LIU Y H,YUEN P,et al. Remote sensing image fusion via compressive sensing[J]. ISPRS Journal of Photogrammetry and Remote Sensing,2019,152:34-48.

[124] 李春梅,邓喀中,孙久运,等.顾及影像稀疏特性的压缩感知超分辨率重建[J].测绘科学,2018,43(10):82-89.

[125] 杨学峰,程耀瑜,王高.基于小波域压缩感知的遥感图像超分辨算法[J].计算机应用,2017,37(5):1430-1433.

[126] 程涛,陈丹妮.基于压缩感知STORM超分辨成像与像素的关系[J].电子显微学报,2017,36(3):264-272.

[127] WU J Q. Iterative compressive sensing for the cancellation of clipping noise in underwater acoustic OFDM system [J]. Wireless Personal Communications,2018,103(3):2093-2107.

[128] AMIN B,MANSOOR B,NAWAZ S J,et al. Compressed sensing of sparse multipath MIMO channels with superimposed training sequence [J]. Wireless Personal Communications,2017,94(4):3303-3325.

[129] WIMALAJEEWA T,VARSHNEY P K. Compressive sensing-based detection with multimodal dependent data[J]. IEEE Transactions on Signal Processing,2018,66(3):627-640.

[130] DATTA S,DEKA B. Magnetic resonance image reconstruction using fast interpolated compressed sensing[J]. Journal of Optics,2018,47 (2):154-165.

[131] BOBIN J,STARCK J L,OTTENSAMER R. Compressed sensing in astronomy[J]. IEEE Journal of Selected Topics in Signal Processing, 2008,2(5):718-726.

[132] ZHAO C,MA S W,ZHANG J,et al. Video compressive sensing reconstruction via reweighted residual sparsity[J]. IEEE Transactions on Circuits and Systems for Video Technology,2017,27(6):1182-1195.

[133] SHAFIEI A,BEHESHTI M,YAZDIAN E. Distributed compressed sensing for despeckling of SAR images[J]. Digital Signal Processing, 2018,81:138-154.

[134] MOTA J F C,DELIGIANNIS N,RODRIGUES M R D. Compressed sensing with prior information:strategies,geometry,and bounds[J]. IEEE Transactions on Information Theory,2017,63(7):4472-4496.

[135] HAGHIGHATSHOAR S, ABBE E. Polarization of the rényi information dimension with applications to compressed sensing[J]. IEEE Transactions on Information Theory,2017,63(11):6858-6868.

[136] METZLER C A,MALEKI A,BARANIUK R G. From denoising to compressed sensing[J]. IEEE Transactions on Information Theory, 2016,62(9):5117-5144.

[137] ADCOCK B, HANSEN A C. Generalized sampling and infinite-dimensional compressed sensing [J]. Foundations of Computational Mathematics,2016,16(5):1263-1323.

[138] 马坚伟.压缩感知走进地球物理勘探[J].石油物探,2018,57(1):24-27.

[139] 樊晓宇,练秋生.基于双稀疏模型的压缩感知核磁共振图像重构[J].生物医学工程学杂志,2018(35):688-696.

[140] DONOHO D L. For most large underdetermined systems of linear equations the minimal 1-norm solution is also the sparsest solution[J]. Communications on Pure and Applied Mathematics, 2006, 59 (6): 797-829.

[141] RUDIN L I, OSHER S, FATEMI E. Nonlinear total variation based noise removal algorithms[J]. Physica D:Nonlinear Phenomena,1992,60 (1/2/3/4):259-268.

[142] ELAD M,BRUCKSTEIN A M. A generalized uncertainty principle and sparse representation in pairs of bases [J]. IEEE Transactions on Information Theory,2002,48(9):2558-2567.

[143] D'ASPREMONT A,EL GHAOUI L. Testing the nullspace property using semidefinite programming[J]. Mathematical Programming,2011, 127(1):123-144.

[144] ZHANG Y. A simple proof for recoverability of l1-minimization:Go over or under? [J]. Rice University CAAM technical report TR05-09,2005.

[145] ZHANG Y. On theory of compressive sensing via l1-minimization: Simple derivations and extensions [J]. TR08-11, CAAM, Rice University,2008,27.

[146] DONOHO D L, HUO X. Uncertainty principles and ideal atomic decomposition[J]. IEEE Transactions on Information Theory,2001,47 (7):2845-2862.

[147] CAI T T, XU G W, ZHANG J. On recovery of sparse signals via l_1 minimization[J]. IEEE Transactions on Information Theory, 2009, 55 (7):3388-3397.

[148] CAI T T,WANG L,XU G W. Stable recovery of sparse signals and an

oracle inequality[J]. IEEE Transactions on Information Theory, 2010, 56(7):3516-3522.

[149] TSENG P. Further results on stable recovery of sparse overcomplete representations in the presence of noise[J]. IEEE Transactions on Information Theory, 2009, 55(2):888-899.

[150] CANDES E J, TAO T. The Dantzig selector: Statistical estimation when p is much larger than N[J]. Annals of Statistics, 2007, 35(6): 2313-2351.

[151] CAI T T, WANG L, XU G W. Shifting inequality and recovery of sparse signals[J]. IEEE Transactions on Signal Processing, 2010, 58 (3):1300-1308.

[152] CANDES E J, ROMBERG J, TAO T. Stable signal recovery from incomplete and inaccurate measurements[J]. Communications on Pure and Applied Mathematics, 2006, 59(8):1207-1223.

[153] CAI T T, WANG L, XU G W. New bounds for restricted isometry constants[J]. IEEE Transactions on Information Theory, 2010, 56(9): 4388-4394.

[154] COHEN A, DAHMEN W, DEVORE R A. Compressed sensing and best k-term approximation[J]. Journal of the American Mathematical Society, 2008, 22(1):211-231.

[155] FOUCART S. A note on guaranteed sparse recovery via l_1-minimization [J]. Applied and Computational Harmonic Analysis, 2010, 29 (1): 97-103.

[156] CHARTRAND R. Exact reconstruction of sparse signals via nonconvex minimization [J]. IEEE Signal Processing Letters, 2007, 14 (10): 707-710.

[157] CHARTRAND R, STANEVA V. Restricted isometry properties and nonconvex compressive sensing [J]. Inverse Problems, 2007, 24 (3):035020.

[158] DAVIES M E, GRIBONVAL R. Restricted isometry constants where Sparse Recovery Can Fail for[J]. IEEE Transactions on Information Theory, 2009, 55(5):2203-2214.

[159] TRZASKO J D, MANDUCA A. Relaxed conditions for sparse signal recovery with general concave priors[J]. IEEE Transactions on Signal Processing,2009,57(11):4347-4354.

[160] 方红,杨海蓉.贪婪算法与压缩感知理论[J].自动化学报,2011,37(12):1413-1421.

[161] TROPP J A. Greed is good: algorithmic results for sparse approximation[J]. IEEE Transactions on Information Theory,2004,50(10):2231-2242.

[162] STROHMER T, HEATH R W Jr. Grassmannian frames with applications to coding and communication [J]. Applied and Computational Harmonic Analysis,2003,14(3):257-275.

[163] TROPP J A. Norms of random submatrices and sparse approximation [J]. Comptes Rendus Mathematique,2008,346(23/24):1271-1274.

[164] 李方,刘海生.关于 Hadamard 矩阵的若干结果[J].东南大学学报(自然科学版),1998,28(5):143-147.

[165] KOH K, KIM S J, BOYD S. An interior-point method for large-scale L1-regularized logistic regression [J]. Journal of Machine Learning Research,2007,8(8):1519-1555.

[166] 谢晓春.压缩感知理论在雷达成像中的应用研究[D].北京:中国科学院研究生院(空间科学与应用研究中心),2010.

[167] Mohimani G H, Babaie-Zadeh M, Jutten C. Complex-valued sparse representation based on smoothed ? 0 norm[C]. Acoustics, Speech and Signal Processing, 2008. ICASSP 2008. IEEE International Conference on. IEEE,2008:3881-3884.

[168] Osher S, Burger M, Goldfarb D, et al. An iterative regularization method for total variation-based image restoration [J]. Multiscale Modeling & Simulation,2005,4(2):460-489.

[169] SCHNITER P, POTTER L C, ZINIEL J. Fast Bayesian matching pursuit[C] //2008 Information Theory and Applications Workshop,27 Jan. -1 Feb. 2008,San Diego,CA,USA. IEEE,2008:326-333.

[170] CAI J F, OSHER S, SHEN Z W. Linearized bregman iterations for frame-based image deblurring[J]. Siam Journal on Imaging Sciences,

2009,2(1):226-252.

[171] AFONSO M V,BIOUCAS-DIAS J M,FIGUEIREDO M A T. Image restoration with compound regularization using a bregman iterative algorithm[EB/OL]. 2009.

[172] LIU L F,COHEN J E. Equilibrium and local stability in a logistic matrix model for age-structured populations [J]. Journal of Mathematical Biology,1987,25(1):73-88.

[173] PREGIBON D. Logistic regression diagnostics [J]. The Annals of Statistics,1981,9(4):705-724.

[174] 余磊. 低维测量空间中信号恢复算法[D]. 湖北:武汉大学,2012.

[175] PAREEK N K, PATIDAR V, SUD K K. Image encryption using chaotic logistic map[J]. Image and Vision Computing,2006,24(9):926-934.

[176] WANG K, PEI W J, XIA H S, et al. Statistical independence in nonlinear maps coupled to non-invertible transformations[J]. Physics Letters A,2008,372(44):6593-6601.

[177] Vlad A, Luca A, Frunzete M. Computational measurements of the transient time and of the sampling distance that enables statistical independence in the logistic map[M]. Computational Science and Its Applications – ICCSA 2009. Springer Berlin Heidelberg,2009:703-718.

[178] MENDELSON S,PAJOR A,TOMCZAK-JAEGERMANN N. Uniform uncertainty principle for bernoulli and subgaussian ensembles [J]. Constructive Approximation,2008,28(3):277-289.

[179] ACHLIOPTAS D. Database-friendly random projections[C] //PODS ′ 01: Proceedings of the twentieth ACM SIGMOD-SIGACT-SIGART symposium on Principles of database systems2001:274-281.

[180] JOHNSON W B. Extensions of Lipschitz mappings into Hilbert space [J]. Contemporary mathematics,1984,26:189-206.

[181] ZHAO X W,YANG Q S,ZHANG Y H,et al. Synthesis of Subarrayed Linear Array via l1-norm Minimization Compressed Sensing Method [J]. 2018 IEEE Asia-Pacific Conference on Antennas and Propagation

(APCAP),2018:124-125.

[182] GUAN W K, FAN H J, XU L, et al. An adaptive gradient greedy algorithm for compressed sensing[C] //2017 6th Data Driven Control and Learning Systems (DDCLS), 26-27 May 2017, Chongqing, China. IEEE,2017:760-763.

[183] VYAS C, SINGH B, PATIL S. Performance overview and analysis of compressed sensing approach in medical imaging techniques[C] //2016 International Conference on Signal Processing, Communication, Power and Embedded System (SCOPES), 3-5 Oct. 2016, Paralakhemundi, India. IEEE,2016:1791-1794.

[184] GILBERT A C, GUHA S, INDYK P, et al. Near-optimal sparse Fourier representations via sampling[C] //STOC '02:Proceedings of the thiry-fourth annual ACM symposium on Theory of computing2002:152-161.

[185] GILBERT A C, MUTHUKRISHNAN S, STRAUSS M. Improved time bounds for near-optimal sparse Fourier representations[C] //Optics and Photonics 2005. Proc SPIE 5914, Wavelets XI, San Diego, California, USA,2005,5914:59141A.

[186] GILBERT A C, STRAUSS M J, TROPP J A, et al. ABSTRACT One sketch for all:Fast algorithms for Compressed Sensing[J]. Proceedings of the Annual ACM Symposium on Theory of Computing, 2007, 13: 237-246.

[187] GILBERT A C, STRAUSS M J, TROPP J A, et al. Algorithmic linear dimension reduction in the l_1 norm for sparse vectors[EB/OL]. 2006: arXiv:cs/0608079[cs. DS]. https://arxiv. org/abs/cs/0608079.

[188] HORMATI A, VETTERLI M. Distributed compressed sensing: Sparsity models and reconstruction algorithms using annihilating filter [C] //2008 IEEE International Conference on Acoustics, Speech and Signal Processing,31 March-4 April 2008, Las Vegas, NV, USA. IEEE, 2008:5141-5144.

[189] BECK A, TEBOULLE M. Fast gradient-based algorithms for constrained total variation image denoising and deblurring problems [J]. IEEE Transactions on Image Processing,2009,18(11):2419-2434.

[190] PANT J K, LU W S, ANTONIOU A. A new algorithm for compressive sensing based on total-variation norm[J]. 2013 IEEE International Symposium on Circuits and Systems (ISCAS), 2013:1352-1355.

[191] Gan L. Block compressed sensing of natural images[C]. Digital Signal Processing, 2007 15th International Conference on. IEEE, 2007: 403-406.

[192] 杨成. 压缩采样中匹配追踪约束等距性分析及其应用[D]. 上海:复旦大学, 2011.

[193] LI Z, AN J Q, YIN H C, et al. Study on association rules between earthquake event and earthquake precursory information anomalies[C] //2018 11th International Congress on Image and Signal Processing, BioMedical Engineering and Informatics (CISP-BMEI), 13-15 Oct. 2018, Beijing, China. IEEE, 2018:1-6.

[194] 基于瓦斯地质的煤矿瓦斯防治技术[M]. 徐州:中国矿业大学出版社, 2009.

[195] 华钢. 煤矿安全生产综合调度系统关键技术研究[D]. 徐州:中国矿业大学, 2002.

[196] 赵耀, 袁保宗. 数据压缩讲座第 1 讲 数据压缩的概念及现状[J]. 中国数据通信网络, 2000(8):48-51.

[197] Khalid Sayood. 数据压缩导论(第三版)[M]. 人民邮电出版社, 2009.2

[198] Xu Yonggang. Hua G. Research on real-time data compression algorithm based on technology of nonlinear Delta deviation(C). 2010 international conference on future industrial Engineering and Application(ICFIEA2010). Institute of Electrical and Electronics Engineers. 2010:266-269

[199] Kashin B S. Diameters of some finite-dimensional sets and classes of smooth functions[J]. American Mathematical Society, 1977, 41(2):334-351.

[200] PLAN Y, VERSHYNIN R. Robust 1-bit compressed sensing and sparse logistic regression: a convex programming approach[J]. IEEE Transactions on Information Theory, 2013, 59(1):482-494.

[201] BOUFOUNOS P T, BARANIUK R G. 1-Bit compressive sensing[C]

//2008 42nd Annual Conference on Information Sciences and Systems, 19-21 March 2008, Princeton, NJ, USA. IEEE, 2008:16-21.

[202] CLEMENTE A, DUSSOPT L, SAULEAU R, et al. 1-bit reconfigurable unit cell based on PIN diodes for transmit-array applications in X - band[J]. IEEE Transactions on Antennas and Propagation, 2012, 60 (5):2260-2269.

[203] YAN M, YANG Y, OSHER S. Robust 1-bit compressive sensing using adaptive outlier pursuit[J]. IEEE Transactions on Signal Processing, 2012, 60(7):3868-3875.

[204] XU Y G, ZHANG Y, HUA G. Multi-scale 1-bit compressed sensing algorithm and its application in coalmine gas monitoring system[J]. International Journal of Machine Learning and Computing, 2013, 3(5): 408-412.

[205] Haupt J, Nowak R. Compressive sampling vs. conventional imaging [C]. Image Processing, 2006 IEEE International Conference on. IEEE, 2006:1269-1272.